SPLAT!

Where Creativity and Math Collide

SHAWNA HUGGINS, M.A.

Copyright © 2014 Shawna Huggins

All rights reserved.

ISBN-10: 1495987221
ISBN-13: 978-1495987229

DEDICATION

To my students who love to play with math - Drew, Elie, Taylor Rose, Delaney, and Melissa. You are my inspiration.

A big thank you to my clever niece Sierra Huggins who tested the game and added personality to the directions.

Thank you to my creative nephew Aaron Huggins who provided the awesome graphics for the game sheets. He also gave the game and instructions a final stamp of approval – I am a lucky Auntie!

Links to free video instructions for SPLAT! can be found at www.learningisfun.biz

CONTENTS

1	Playing the Game	1
2	Illustrated Play Guide	Pg 3
3	Determining Your Score	Pg 5
4	PEMDAS Refresher	Pg 9
5	Challenge Operations	Pg 11
6	Game Sheets: Level One	Pg 13
7	Game Sheets: Level Two	Pg 35
8	Game Sheets: Level Three	Pg 57
9	More Game Sheets	Pg 79
10	Some Sample Solutions	Pg 97
	Black Line Reproducibles	Pg 105
	Lists of Numbers to use	Pgs 13, 35, 57

CHAPTER 1
PLAYING THE GAME

Links to free video instructions for SPLAT! can be found at www.learningisfun.biz

Objective

Reach the **Goal** number within six line by line equations using only the **Given Numbers** and the **Created Numbers.**

There are three levels of difficulty:

Level One: Reach the **Goal** within six line-by-line equations .

Level Two: Reach the **Goal** within six line-by-line equations AND use all PEMDAS operations at least once.

Level Three: Reach the **Goal** within six line-by-line equations, use all PEMDAS operations at least once, AND use one or more of the Challenge Operations (see Bonus Scores section for details).

Rules

1. Each **Given Number** may be used only once per equation line.
2. Each **Given Number** must be used at least once before the goal is reached.
3. Each **operation** can be used only once per equation line.

Strategies

1. The fewer equation lines you need to reach the Goal, the higher your Equation Score will be.
2. The more Operations that you use, the higher your Operations Score will be.
3. The strategy is to optimize both the Equation and Operations Scores.

Numbers

Created Numbers are those you create as sums, differences, products, or quotients along the way.
Given Numbers and **Goal Numbers** are listed on pages 13, 35, and 57. You can also generate your own **Given** and **Goal Numbers** using dice (see directions are on page 13).

Operations

The Operations section of the playing sheet is labeled **PEMDAS** representing:

P is for parenthesis	( )	
E is for exponents	x^n	(a number x raised to the n power)
M is for multiplication	×	(advanced students use a dot to multiply ·)
D is for division	÷	
A is for addition	+	
S is for subtraction	-	

Our friends in the United Kingdom use **BODMAS** for order of operation.
To use BODMAS follow this order:
Brackets
Orders
Divide or Multiply left to right
Add or Subtract left to right

If you prefer using BODMAS, simply write in BODMAS over PEMDAS on the playing sheets.

Links to video instruction can be found at www.learningisfun.biz

CHAPTER 2
ILLUSTRATED PLAY GUIDE
Links to free video instructions for SPLAT! can be found at www.learningisfun.biz

Playing the Game

Level One Objective: Reach the Goal within six line-by-line equations.

Follow along with Elie as you learn how to play Level One. We have filled in Elie's Given and Goal Numbers. **You can find a list of these numbers on page 13.**

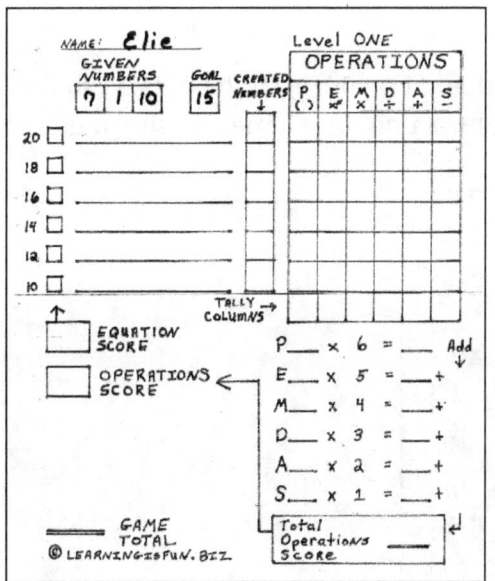

Figure 1

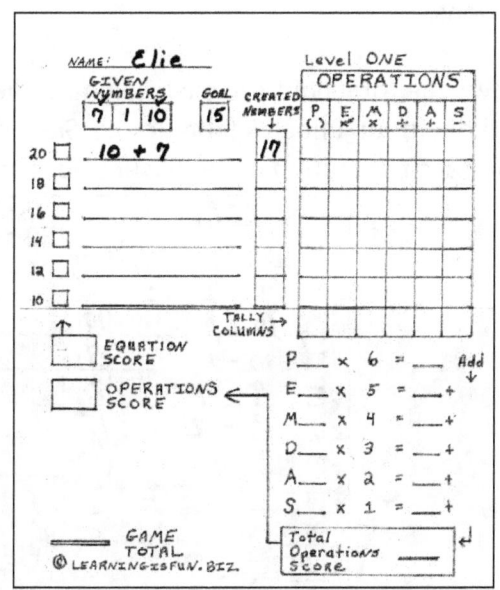

Figure 2

In *Figure 1* we see that Elie must reach the **Goal** of fifteen by using only the numbers in the **Numbers Given** boxes AND those she creates (**Created Numbers**). For example, in *Figure 2* she adds ten and seven to get seventeen. She may now use the seventeen in future steps (see *Figure 4*).

Elie MUST use each of the **Numbers Given** at least once within the round. You will notice her tick marks above the numbers as she uses them (*Figure 2*).

Follow Elie's math in the next three figures to see how she uses the **Numbers Given** and the numbers she creates to reach her goal in four steps. Elie is a second grader, so she uses addition and subtraction in her example. Note that Elie is not required to use the **Created Numbers**.

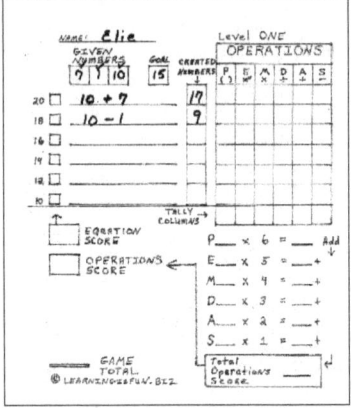
Figure 3

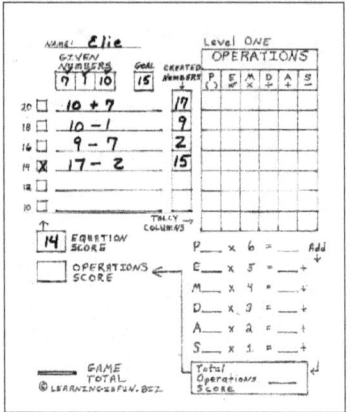
Figure 4

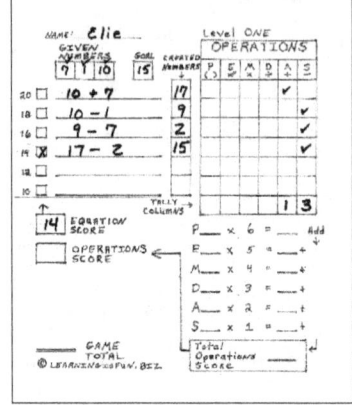
Figure 5

Elie has reached her goal of fifteen in four equations. She puts a mark in the **Equation Score** box next to her final line (Figure 4). She writes her score of 14 in the box labeled **Equation Score**.

It is now time to tally up the **Operation Score** (see *Figures 5 & 6*). Look at Elie's first line of equation: 10 + 7 = 17. Elie used addition. She puts a check mark in the Addition Box (A) on the same line. On the second line of equation Elie used subtraction. She puts a check in the Subtraction Box. She does this for each line of equations.

Finally, she brings down the total points in each column. Elie used Addition once, so she puts a 1 in the *Total column* for each operation under A (addition). She used subtraction three times, so she puts a 3 in the *Total column* for each operation under S (subtraction).

Figure 6

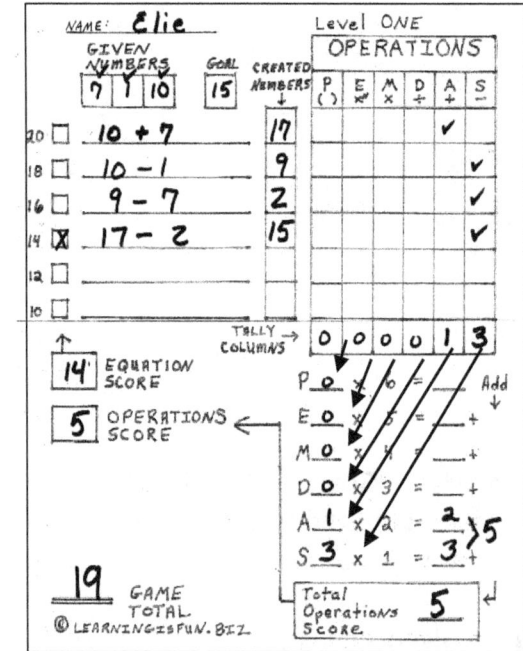

Here Elie computed:

A (add) 1 x 2 = 2

S (subtract) 3 x 1 = 3

Elie now moves the column totals down to the PEMDAS form. She then multiplies across. Even though she doesn't know multiplication yet, she knows what one group of 2 equals. She then multiplies the total in the subtraction row to get 3 (kids can ask for help or use a calculator if they don't know how to multiply yet). Now she adds the 2 and 3 to get 5. This is her total **Operation Score** and goes in the box marked **Operation Score**. Elie then adds the Operation Score to the Equation Score to get the game total of nineteen.

Don't let the number of steps in scoring hinder you. Kids love this part of the game. Follow the instructions and arrows on the playing sheet and you'll catch on quickly. For a full description of how to compute your score, see Chapter 3.

Level Two Objective: Reach the Goal within six line-by-line equations AND use all PEMDAS operations at least once.

This example is using the Level Two playing sheet. Follow along with Taylor Rose as you learn how to play Level Two. This level of play is 7th/8th grade level.

Taylor Rose uses the same roll that Elie used, but you will see that she earns more than four times the score. The key to a higher score is using as many operations as possible.

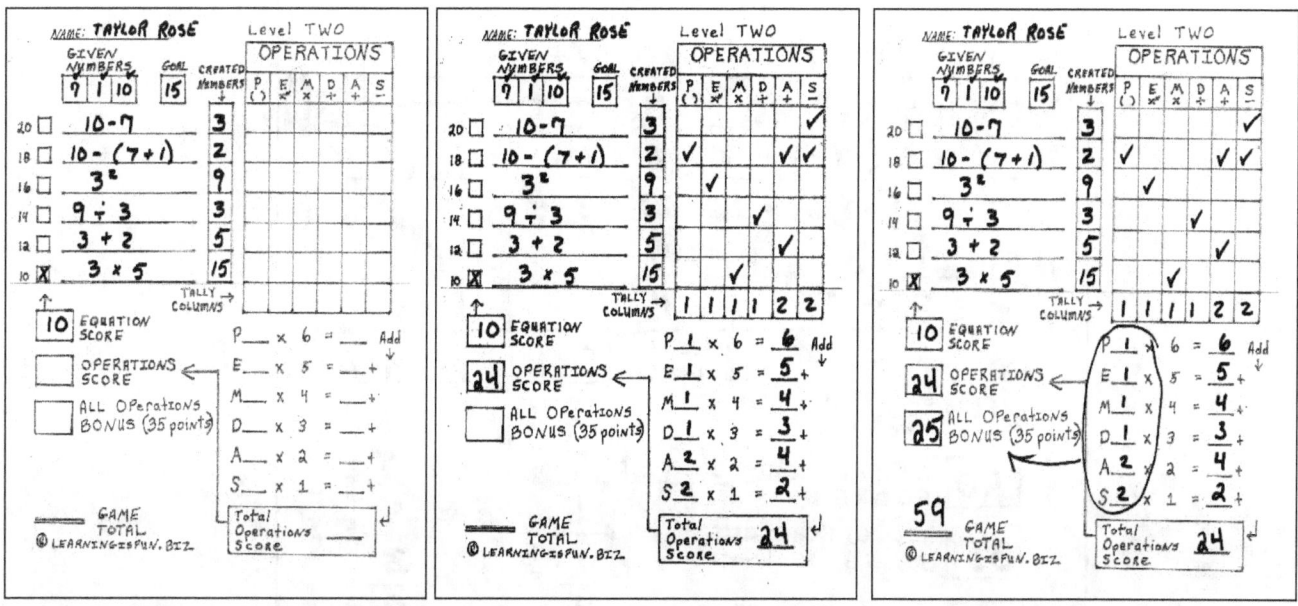

Follow Taylor Rose's math calculations and see how she was able to use all PEMDAS operations within six lines of equation. She may have been able to reach fifteen with fewer lines of equation, but her objective was to use all operations, so she used all six lines.

She will get only 10 for her **Equation Score**, but she will optimize her **Operations Score** as you can see above. Notice that on each equation line Taylor Rose ticked off all the operations she used within that line. For example, she used three operations in her second line of equations (parenthesis, addition, and subtraction).

She then tallied each operation and figured out her **Total Operations Score**. Because Taylor Rose used all operations at least once during the game, she earned the **All Operations Score Bonus** of 25. Her total game score is 59.

Level Three Objectives: Reach the Goal within six line-by-line equations, use all PEMDAS operations at least once, and use one or more of the Challenge Operations (percent, square root, absolute value).

Follow along with Drew as you learn how to play Level Three playing sheet. This level of play is 12 + grade level. Drew uses the same rolled dice that Elie and Taylor Rose used, but he will achieve a higher score by including one or more **Challenge Operations**.

Not only does Drew earn the **All Operations Bonus**, but he used one of the **Challenge Operations** - percent. He can increase his score by using more than one of the **Challenge Operations**. (See more about Challenge Operations on page 8).

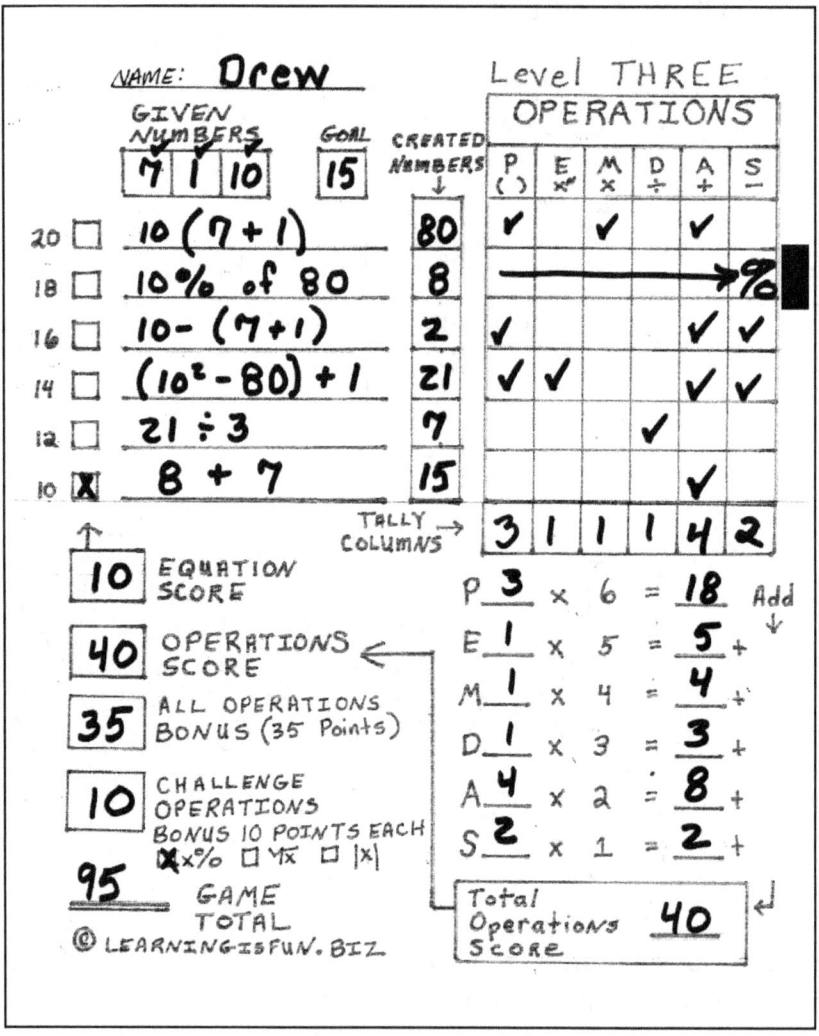

CHAPTER 3
DETERMINING YOUR SCORE

There are three parts to your score.

Part 1: The Equation Score.
This is the number to the left of your final line of equation. The score starts at 20 and decreases with every equation line. Identify your score and write it in the box labeled **Equation Score** on the left side of the game sheet.

Part 2: The Operations Score.
This one is a little trickier to figure out, but it is simple once you understand it. In the Operations box located at the right of the playing sheet, there are columns for each operation. Each time you use an operation in an equation, check the corresponding operation's box. For example, if in the first equation you use division and multiplication, put a check mark in both the division and the multiplication boxes. If in the second equation you use multiplication and subtraction, put a check mark in both the multiplication and subtraction boxes. Once you're done checking all the applicable boxes, total each operation's column. Then multiply each operation's total with the value given. For an example of how this works, follow along with Elie on page 4.

Part 3: The Game Total.
Add the **Equation Score** and the **Operation Score.**

Bonus Scores:

Game levels two and three add the possibility of bonus scores.

Level 2 adds the All Operations Bonus. You earn this bonus by using every possible operation at least once in your six lines of equations. This bonus adds an extra 25 points to your game total.

   Level 3 adds the Challenge Operation Bonus. Challenge Operations are Percentage, Absolute Value, and Square Root. You may use these operations in your equations just as you would any other operation. Challenge Operations are worth ten points each.

CHAPTER 4
PEMDAS REFRESHER

The Order, Meaning, and Importance of PEMDAS in life AND this game!

PEMDAS is the order by which an equation *must* be solved so that the same answer is reached every time. It stands for Parenthesis, Exponents, Multiplication, Division, Addition, and Subtraction. (An easy way to remember PEMDAS is Please Excuse My Dear Aunt Sally.)

In this game, you MUST use PEMDAS in every equation you write. However, to avoid confusion please note that PEMDAS is only necessary PER EQUATION line, not per game.
For example, if on my first equation I wish to multiply then divide, it does not mean that the next line may only be addition or subtraction.

PEMDAS is the order by which an equation must be worked so that the same answer is reached every time.
For example in the equation $2 - 4 + 7 (5 \times 8)/ 2 + 5^2$, the correct order to work the equation is as follows:

		$2 - 4 + 7 (5 \times 8)/ 2 + 5^2$
First do what's inside the Parenthesis $(5 \times 8) = 40$	to get	$2 - 4 + 7 (40)/2 + 5^2$
Then the Exponents $5^2 = 25$	to get	$2 - 4 + 7 (40)/2 + 25$
Multiply $7(40) = 280$	to get	$2 - 4 + 280/2 + 25$
Divide $280/2 = 140$	to get	$2 - 4 + 140 + 25$
Add $2 + 140 + 25 = 165$	to get	$165 - 4$
Subtract $165 - 4 = 161$	for the answer 161	

161 is the correct answer

If I didn't use PEMDAS and just worked the problem left to right I would get a very different answer:
$2 - 4 + 7 (5 \times 8) / 2 + 5^2$
$2 - 4 = -2$
$-2 + 7 = 5$
$5 \times 5 = 25$
$25 \times 8 = 200$

200 / 2 = 100
100 + 5 = 105
105^2 = 11,025

11,025 is NOT the correct answer. The order of operation was not followed.

Remember PEMDAS by this fun chant:
Please
Excuse
My
Dear
Aunt
Sally

Parenthesis
Exponents
Multiplication
Division
Addition
Subtraction

CHAPTER 5
CHALLENGE OPERATIONS

The three challenge operations are percentage, absolute value, and square root.

Percent

You may take a percent of a number as long as the percent is one of your rolled numbers or a number you have created. In Drew's example, he took ten percent of eighty. Ten was one of his rolled numbers and eighty was a number he had created. To find percent use this formula:

What is 10 percent of 80?

x is 10 percent of 80

x = .10 (80)

x = 8

Absolute Value

Absolute value means the number of spaces a number is from zero on a number line. Therefore, -3 and 3 are both 3 spaces away from zero. If you are fifty feet above sea level or fifty feet below sea level, you are fifty feet away from sea level.

To use absolute value in this game, use the symbols | |. For example, the absolute value of -3 is written like this | -3 | = 3.

Why do we use this in the game? Just for fun and to incorporate negative numbers.

Square Root

Perfect square roots must be used for this game so that there are no decimals. The first twelve perfect square roots are as follows:

square root	square
$\sqrt{4} = 2$	$2^2 = 4$
$\sqrt{9} = 3$	$3^2 = 9$
$\sqrt{16} = 4$	$4^2 = 16$
$\sqrt{25} = 5$	$5^2 = 25$
$\sqrt{36} = 6$	$6^2 = 36$
$\sqrt{49} = 7$	$7^2 = 49$
$\sqrt{64} = 8$	$8^2 = 64$
$\sqrt{81} = 9$	$9^2 = 81$
$\sqrt{100} = 10$	$10^2 = 100$
$\sqrt{121} = 11$	$11^2 = 121$
$\sqrt{144} = 12$	$12^2 = 144$

I hope you and your family enjoy playing this game as much as my students and I do.
Thanks for Playing!

CHAPTER 6
GAME SHEETS: LEVEL ONE
Links to free video instructions for SPLAT! can be found at www.learningisfun.biz

Level One: Reach the **Goal** within six line-by-line equations.

Insert these numbers into your Level One Game Sheets before you play:

Given Numbers			Goal
*1	6	10	50
6	8	7	12
4	11	10	10
2	8	9	50
3	6	5	40
4	8	6	9
5	7	9	35
1	4	8	16
6	5	7	30
2	8	4	10

To create your own Given Numbers you need two dice.

Roll one die   *Roll two dice and add together*   *Roll two dice and add together*

For example, in line one* above I got the Given Numbers 1, 6, 10 as follows:

I rolled a 1   I rolled a 2 and 4 and added to get 6.   I rolled a 6 and 4 and added to get ten.

To create your own Goal Number you need three dice.

Role two dice and add them together. *Multiply the sum by the third die.*

For example, in line one* above I got the Goal Number as follows:

I rolled a six and four and added to get ten. I rolled a five and multiplied the sum of ten by five to get 50.

MATH OPS
Level ONE

Name _____

Given Numbers ☐ ☐ ☐   **Goal** ☐   **Created Numbers** ↓

OPERATIONS

P ( )	E x^n	M ×	D ÷	A +	S −

20 ☐ _____
18 ☐ _____
16 ☐ _____
14 ☐ _____
12 ☐ _____
10 ☐ _____

Tally Columns →

Add ↓ ☐ **Equation Score**

☐ **Operations Score**

P ___ X 6 = ___   Add ↓
E ___ X 5 = ___ +
M ___ X 4 = ___ +
D ___ X 3 = ___ +
A ___ X 2 = ___ +
S ___ X 1 = ___ +

___ **GAME TOTAL**

Total Operations Score ___

©LearningIsFun.biz

MATH OPS
Level ONE

Name _____

Given Numbers: ☐ ☐ ☐ **Goal**: ☐

Created Numbers ↓

OPERATIONS

P ( )	E x^N	M ×	D ÷	A +	S −

20 ☐ _____
18 ☐ _____
16 ☐ _____
14 ☐ _____
12 ☐ _____
10 ☐ _____

Tally Columns →

Add ↓ ☐ **Equation Score**

☐ **Operations Score**

P ___ X 6 = ___   Add ↓
E ___ X 5 = ___ +
M ___ X 4 = ___ +
D ___ X 3 = ___ +
A ___ X 2 = ___ +
S ___ X 1 = ___ +

↳ _____ **GAME TOTAL**

Total Operations Score ___

©LearningIsFun.biz

SPLAT! Where Creativity and Math Collide

Name _____

MATH OPS
Level ONE

Given Numbers ☐ ☐ ☐   **Goal** ☐   **Created Numbers** ↓

OPERATIONS					
P ( )	E x^n	M x	D ÷	A +	S −

20 ☐ _____
18 ☐ _____
16 ☐ _____
14 ☐ _____
12 ☐ _____
10 ☐ _____

Tally Columns →

Add ↓

☐ **Equation Score**

☐ **Operations Score**

P ___ X 6 = ___   Add ↓
E ___ X 5 = ___ +
M ___ X 4 = ___ +
D ___ X 3 = ___ +
A ___ X 2 = ___ +
S ___ X 1 = ___ +

Total Operations Score ___ ↵

↳ === **GAME TOTAL**

©LearningIsFun.biz

MATH OPS
Level ONE

Name _____

Given Numbers: ☐ ☐ ☐   **Goal:** ☐

Created Numbers ↓

OPERATIONS					
P ( )	E x^N	M ×	D ÷	A +	S −

Tally Columns →

20 ☐ _____
18 ☐ _____
16 ☐ _____
14 ☐ _____
12 ☐ _____
10 ☐ _____

Add ↓   ☐ **Equation Score**

☐ **Operations Score**   ←

P ___ × 6 = ___   Add ↓
E ___ × 5 = ___ +
M ___ × 4 = ___ +
D ___ × 3 = ___ +
A ___ × 2 = ___ +
S ___ × 1 = ___ +

↳ === **GAME TOTAL**

Total Operations Score ___   ↵

©LearningIsFun.biz

SPLAT! Where Creativity and Math Collide

MATH OPS
Level ONE

Name _____

Given Numbers | **Goal** | **Created Numbers ↓**

OPERATIONS

P ( )	E x^n	M ×	D ÷	A +	S −

20 ☐ _____
18 ☐ _____
16 ☐ _____
14 ☐ _____
12 ☐ _____
10 ☐ _____

Tally Columns →

Add ↓ ☐ Equation Score

☐ Operations Score

P ___ X 6 = ___   Add ↓
E ___ X 5 = ___ +
M ___ X 4 = ___ +
D ___ X 3 = ___ +
A ___ X 2 = ___ +
S ___ X 1 = ___ +

↳ ___ GAME TOTAL

Total Operations Score ___ ↵

©LearningIsFun.biz

MATH OPS
Level ONE

Name _____

Given Numbers: ☐ ☐ ☐   **Goal**: ☐   **Created Numbers** ↓

	P ( )	E x^N	M ×	D ÷	A +	S −
OPERATIONS						

20 ☐ _____
18 ☐ _____
16 ☐ _____
14 ☐ _____
12 ☐ _____
10 ☐ _____

Tally Columns →

Add ↓ ☐ Equation Score

☐ Operations Score

P ___ X 6 = ___   Add ↓
E ___ X 5 = ___ +
M ___ X 4 = ___ +
D ___ X 3 = ___ +
A ___ X 2 = ___ +
S ___ X 1 = ___ +

↳ ___ GAME TOTAL

Total Operations Score ___

©LearningIsFun.biz

SPLAT! Where Creativity and Math Collide

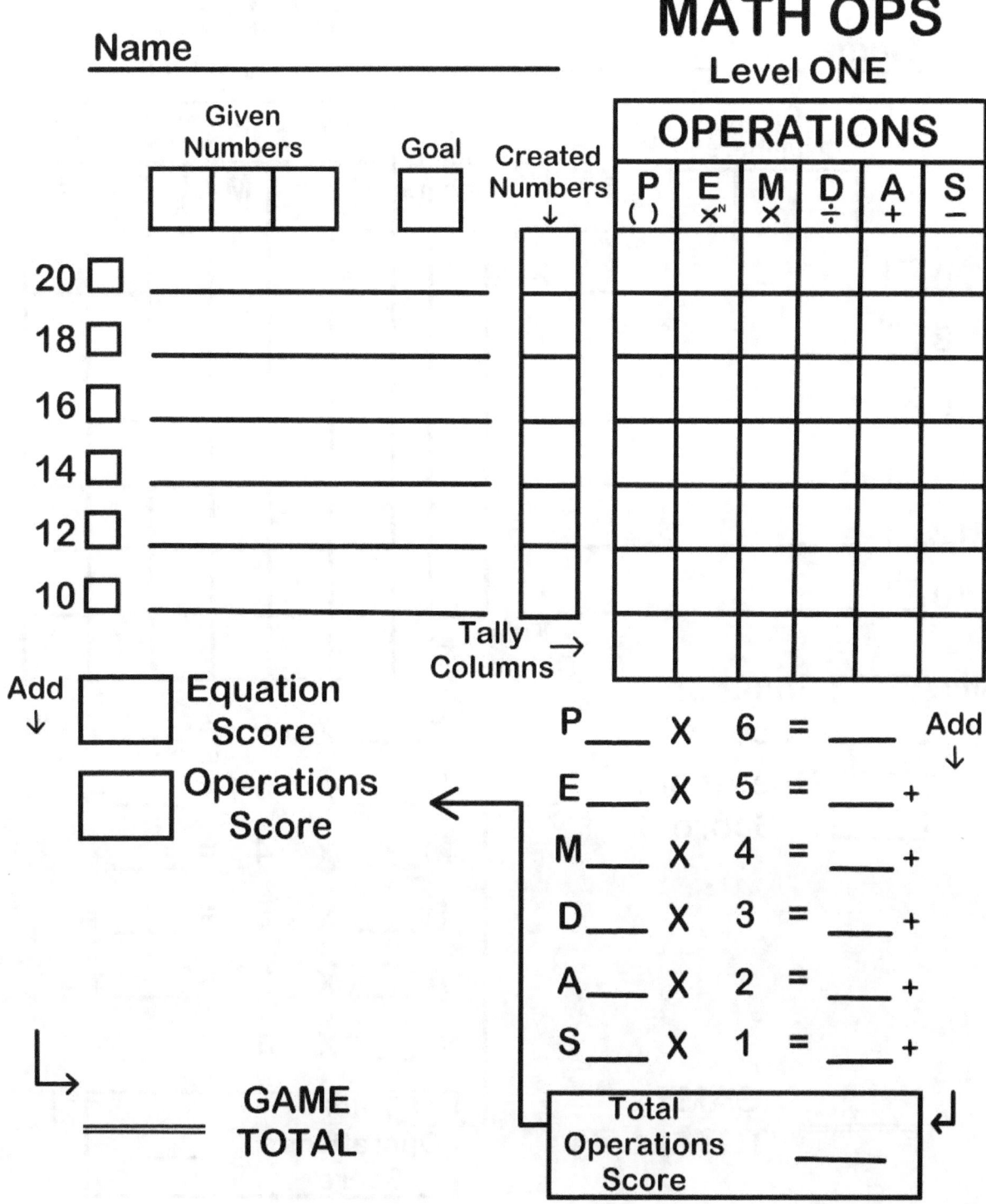

MATH OPS
Level ONE

Name _____

Given Numbers: ☐ ☐ ☐ **Goal:** ☐

Created Numbers ↓

	OPERATIONS					
	P ( )	E x^N	M ×	D ÷	A +	S −
20 ☐ _____						
18 ☐ _____						
16 ☐ _____						
14 ☐ _____						
12 ☐ _____						
10 ☐ _____						

Tally Columns →

Add ↓ ☐ Equation Score

☐ Operations Score

P ___ × 6 = ___   Add ↓
E ___ × 5 = ___ +
M ___ × 4 = ___ +
D ___ × 3 = ___ +
A ___ × 2 = ___ +
S ___ × 1 = ___ +

Total Operations Score ___

↳ _____ GAME TOTAL

©LearningIsFun.biz

MATH OPS
Level ONE

Name _____

Given Numbers ☐ ☐ ☐   **Goal** ☐   **Created Numbers** ↓

OPERATIONS

P ( )	E x^N	M ×	D ÷	A +	S −

20 ☐ _____
18 ☐ _____
16 ☐ _____
14 ☐ _____
12 ☐ _____
10 ☐ _____

Tally Columns →

Add ↓ ☐ **Equation Score**
       ☐ **Operations Score**

P ___ X 6 = ___   Add ↓
E ___ X 5 = ___ +
M ___ X 4 = ___ +
D ___ X 3 = ___ +
A ___ X 2 = ___ +
S ___ X 1 = ___ +

Total Operations Score ___

↳ === **GAME TOTAL**

©LearningIsFun.biz

MATH OPS
Level ONE

Name _____

Given Numbers: ☐ ☐ ☐   **Goal**: ☐   **Created Numbers** ↓

OPERATIONS

P ( )	E x^N	M ×	D ÷	A +	S −

Tally Columns →

20 ☐ _____
18 ☐ _____
16 ☐ _____
14 ☐ _____
12 ☐ _____
10 ☐ _____

Add ↓

☐ Equation Score

☐ Operations Score ←

P ___ X 6 = ___   Add ↓
E ___ X 5 = ___ +
M ___ X 4 = ___ +
D ___ X 3 = ___ +
A ___ X 2 = ___ +
S ___ X 1 = ___ +

↳ _____ GAME TOTAL

Total Operations Score _____ ↵

©LearningIsFun.biz

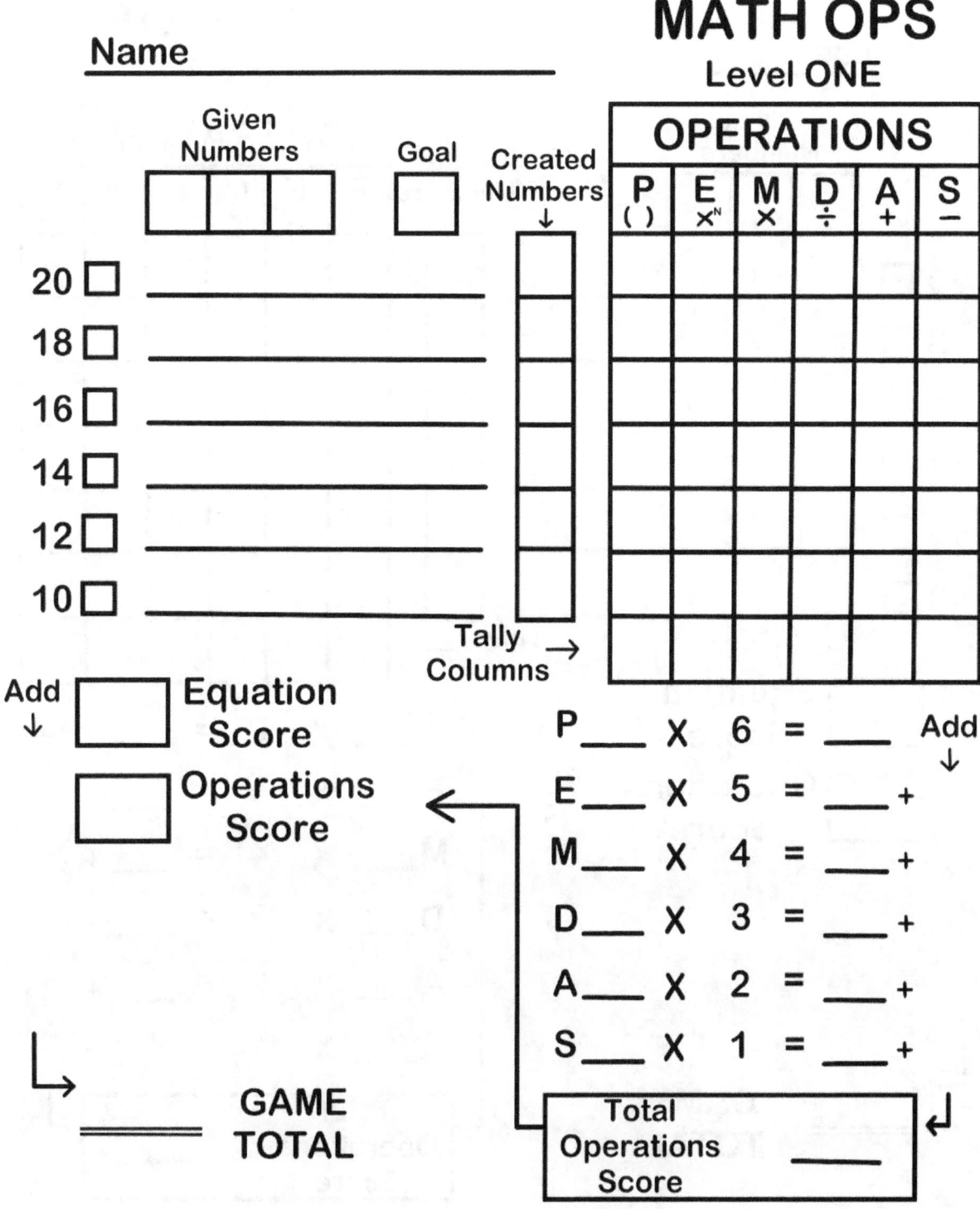

MATH OPS
Level ONE

Name _____

Given Numbers: ☐ ☐ ☐   **Goal**: ☐

Created Numbers ↓

OPERATIONS

P ( )	E xⁿ	M ×	D ÷	A +	S −

Tally Columns →

20 ☐ _____
18 ☐ _____
16 ☐ _____
14 ☐ _____
12 ☐ _____
10 ☐ _____

Add ↓

☐ Equation Score

☐ Operations Score

P ___ X 6 = ___   Add ↓
E ___ X 5 = ___ +
M ___ X 4 = ___ +
D ___ X 3 = ___ +
A ___ X 2 = ___ +
S ___ X 1 = ___ +

Total Operations Score ___

↳ ___ GAME TOTAL

©LearningIsFun.biz

MATH OPS
Level ONE

Name _____

Given Numbers: ☐ ☐ ☐ Goal: ☐

Created Numbers ↓

	P ( )	E x^n	M ×	D ÷	A +	S −

20 ☐ _____
18 ☐ _____
16 ☐ _____
14 ☐ _____
12 ☐ _____
10 ☐ _____

Tally Columns →

Add ↓ ☐ Equation Score
☐ Operations Score

P ___ × 6 = ___   Add ↓
E ___ × 5 = ___ +
M ___ × 4 = ___ +
D ___ × 3 = ___ +
A ___ × 2 = ___ +
S ___ × 1 = ___ +

↳ ___ GAME TOTAL

Total Operations Score ___ ↵

©LearningIsFun.biz

MATH OPS
Level ONE

Name _____

Given Numbers ☐ ☐ ☐ **Goal** ☐ **Created Numbers ↓**

OPERATIONS					
P ( )	E x^N	M ×	D ÷	A +	S −

20 ☐ _____
18 ☐ _____
16 ☐ _____
14 ☐ _____
12 ☐ _____
10 ☐ _____

Tally Columns →

Add ↓

☐ Equation Score

☐ Operations Score

P ___ X 6 = ___   Add ↓
E ___ X 5 = ___ +
M ___ X 4 = ___ +
D ___ X 3 = ___ +
A ___ X 2 = ___ +
S ___ X 1 = ___ +

Total Operations Score ___

↳ _____ GAME TOTAL

©LearningIsFun.biz

MATH OPS
Level ONE

Name _____

Given Numbers ☐ ☐ ☐   **Goal** ☐   **Created Numbers** ↓

OPERATIONS

P ( )	E ×ⁿ	M ×	D ÷	A +	S −

20 ☐ _____
18 ☐ _____
16 ☐ _____
14 ☐ _____
12 ☐ _____
10 ☐ _____

Tally Columns →

Add ↓

☐ Equation Score

☐ Operations Score

P ___ X 6 = ___   Add ↓
E ___ X 5 = ___ +
M ___ X 4 = ___ +
D ___ X 3 = ___ +
A ___ X 2 = ___ +
S ___ X 1 = ___ +

↳ ___ GAME TOTAL

Total Operations Score ___ ↵

©LearningIsFun.biz

MATH OPS
Level ONE

Name _____

Given Numbers: ☐ ☐ ☐
Goal: ☐
Created Numbers ↓

OPERATIONS

P ( )	E ×ᴺ	M ×	D ÷	A +	S −

20 ☐ _____
18 ☐ _____
16 ☐ _____
14 ☐ _____
12 ☐ _____
10 ☐ _____

Tally Columns →

Add ↓

☐ Equation Score
☐ Operations Score

P ___ X 6 = ___   Add ↓
E ___ X 5 = ___ +
M ___ X 4 = ___ +
D ___ X 3 = ___ +
A ___ X 2 = ___ +
S ___ X 1 = ___ +

Total Operations Score ___

↳ ___ GAME TOTAL

©LearningIsFun.biz

MATH OPS
Level ONE

Name _____

Given Numbers: ☐ ☐ ☐   Goal: ☐

Created Numbers ↓

OPERATIONS

P ( )	E x^N	M ×	D ÷	A +	S −

20 ☐ _____
18 ☐ _____
16 ☐ _____
14 ☐ _____
12 ☐ _____
10 ☐ _____

Tally Columns →

Add ↓

☐ Equation Score

☐ Operations Score

P ___ X 6 = ___   Add ↓
E ___ X 5 = ___ +
M ___ X 4 = ___ +
D ___ X 3 = ___ +
A ___ X 2 = ___ +
S ___ X 1 = ___ +

Total Operations Score ___

↳ _____ GAME TOTAL

©LearningIsFun.biz

MATH OPS
Level ONE

Name _____

Given Numbers | **Goal** | **Created Numbers ↓**

OPERATIONS

P ( )	E x^N	M ×	D ÷	A +	S −

20 ☐ _____
18 ☐ _____
16 ☐ _____
14 ☐ _____
12 ☐ _____
10 ☐ _____

Tally Columns →

Add ↓ ☐ Equation Score

☐ Operations Score

P ___ × 6 = ___   Add ↓
E ___ × 5 = ___ +
M ___ × 4 = ___ +
D ___ × 3 = ___ +
A ___ × 2 = ___ +
S ___ × 1 = ___ +

Total Operations Score ___

___ GAME TOTAL

©LearningIsFun.biz

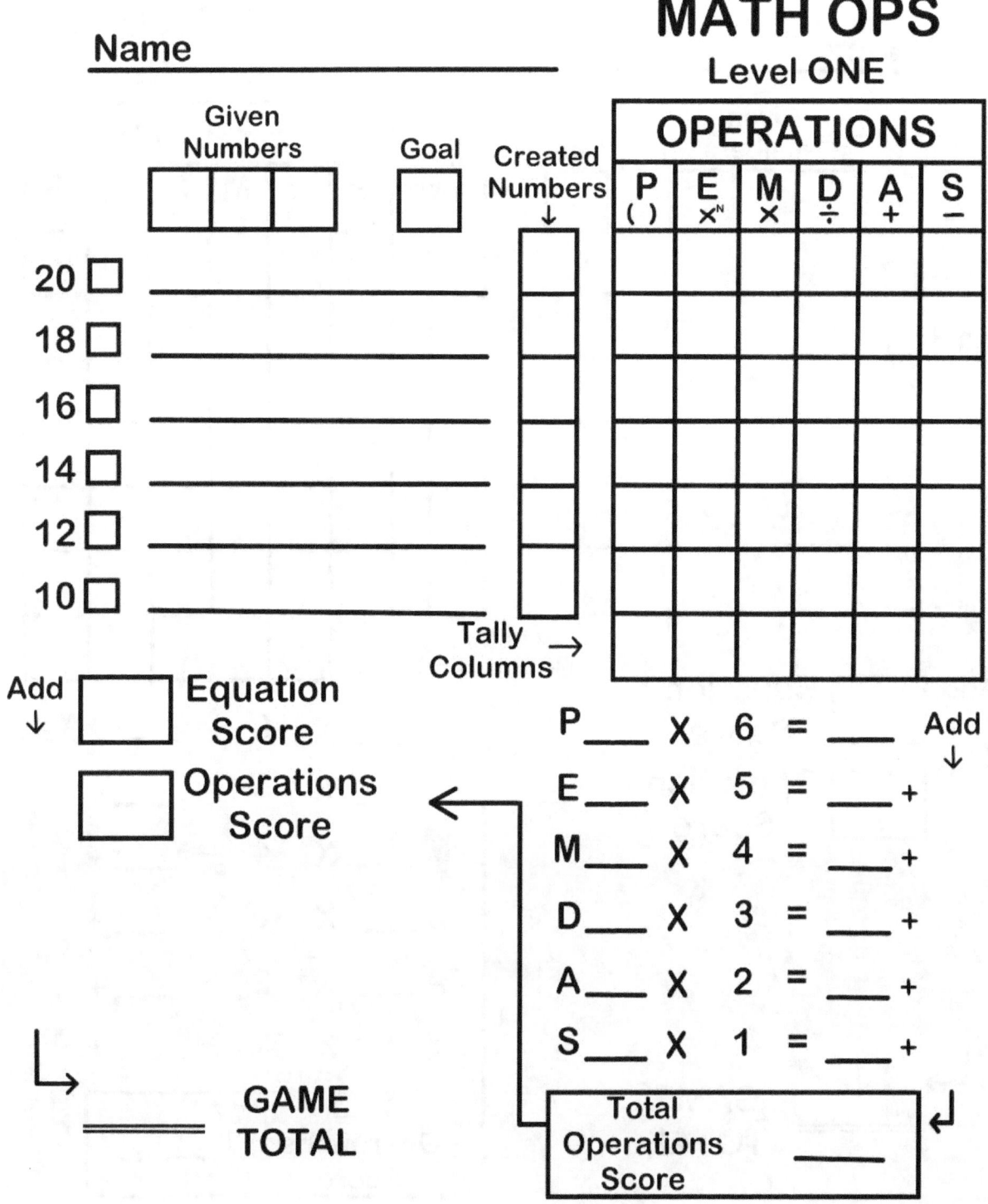

MATH OPS
Level ONE

Name _____

Given Numbers: ☐ ☐ ☐

Goal: ☐

Created Numbers ↓

OPERATIONS					
P ( )	E x^N	M ×	D ÷	A +	S −

20 ☐ _____
18 ☐ _____
16 ☐ _____
14 ☐ _____
12 ☐ _____
10 ☐ _____

Tally Columns →

Add ↓ ☐ Equation Score

☐ Operations Score

↳ _____ = GAME TOTAL

P ___ X 6 = ___   Add ↓
E ___ X 5 = ___ +
M ___ X 4 = ___ +
D ___ X 3 = ___ +
A ___ X 2 = ___ +
S ___ X 1 = ___ +

Total Operations Score _____ ↵

©LearningIsFun.biz

CHAPTER 7
GAME SHEETS: LEVEL TWO
Links to free video instructions for SPLAT! can be found at www.learningisfun.biz

Level Two: Reach the **Goal** within six line-by-line equations AND use all PEMDAS operations at least once.

To create your own Given and Goal Numbers see directions on page 13. OR, use the numbers I rolled below.

Given			Goal
3	4	8	27
1	4	7	16
1	3	4	18
6	10	8	40
2	5	9	32
4	9	10	18
4	12	9	12
5	8	5	36
2	9	10	40
5	8	3	35

It's also fun to use the numbers you used on page 13 for Level One to see how much higher of a score you can get.

MATH OPS
Level TWO

Name _____

Given Numbers [ ][ ][ ] **Goal** [ ] **Created Numbers ↓**

OPERATIONS

P ( )	E x^n	M ×	D ÷	A +	S −

20 ☐ _____
18 ☐ _____
16 ☐ _____
14 ☐ _____
12 ☐ _____
10 ☐ _____

Tally Columns →

Add ↓ ☐ **Equation Score**

☐ **Operations Score**

☐ **All Operations BONUS (35 points)**

P ___ X 6 = ___   Add ↓
E ___ X 5 = ___ +
M ___ X 4 = ___ +
D ___ X 3 = ___ +
A ___ X 2 = ___ +
S ___ X 1 = ___ +

↳ ___ **GAME TOTAL**

Total Operations Score ___

©LearningIsFun.biz

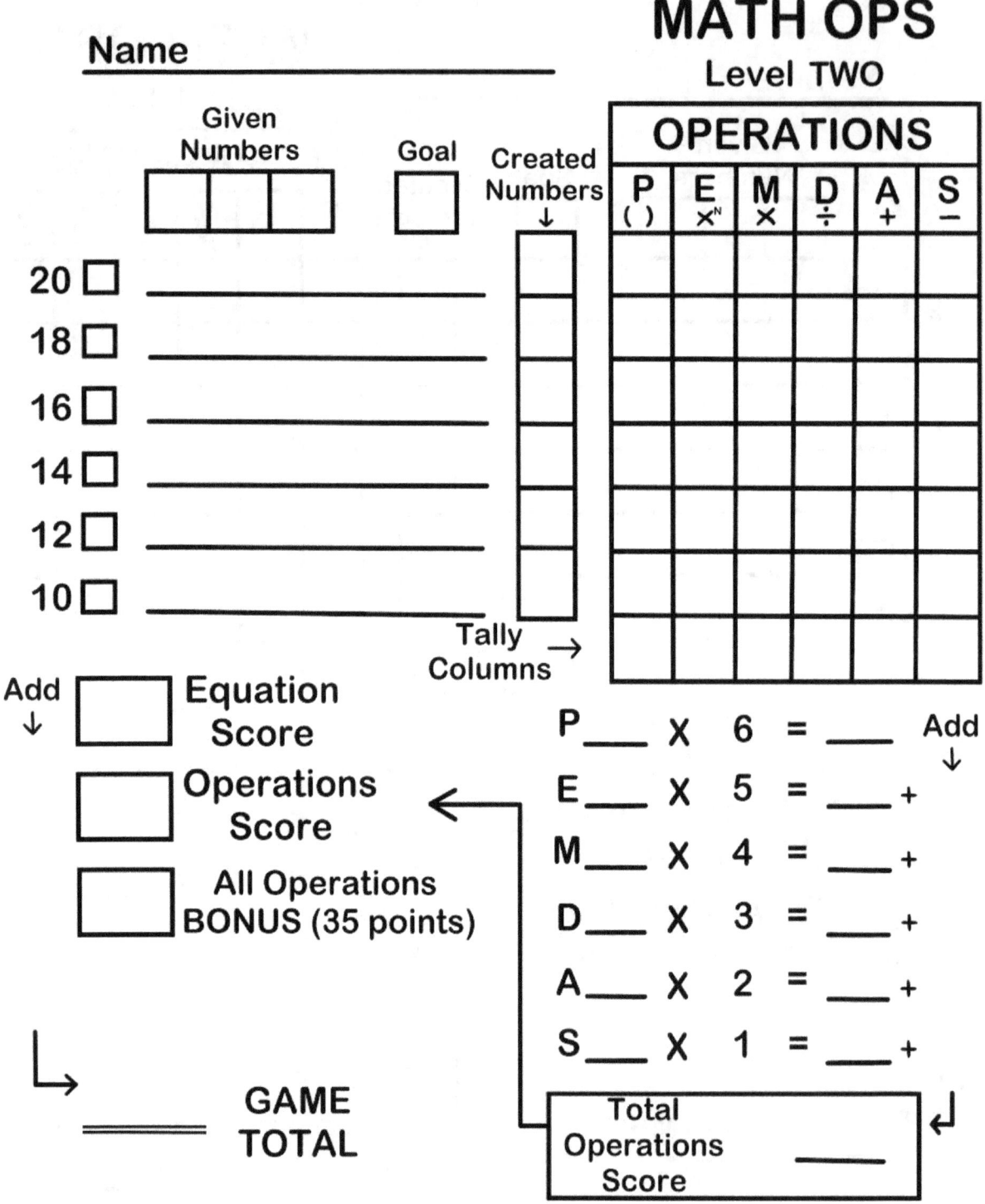

MATH OPS
Level TWO

Name _____

Given Numbers ☐ ☐ ☐ **Goal** ☐ **Created Numbers ↓**

	OPERATIONS					
	P ( )	E x^n	M ×	D ÷	A +	S −

20 ☐ _____
18 ☐ _____
16 ☐ _____
14 ☐ _____
12 ☐ _____
10 ☐ _____

Tally Columns →

Add ↓

☐ **Equation Score**
☐ **Operations Score**
☐ **All Operations BONUS (35 points)**

↳ ___ **GAME TOTAL**

P ___ × 6 = ___   Add ↓
E ___ × 5 = ___ +
M ___ × 4 = ___ +
D ___ × 3 = ___ +
A ___ × 2 = ___ +
S ___ × 1 = ___ +

Total Operations Score ___ ↵

©LearningIsFun.biz

MATH OPS
Level TWO

Name _____

Given Numbers: ☐ ☐ ☐

Goal: ☐

Created Numbers ↓

OPERATIONS

P ( )	E x^N	M ×	D ÷	A +	S −

Tally Columns →

20 ☐ _____
18 ☐ _____
16 ☐ _____
14 ☐ _____
12 ☐ _____
10 ☐ _____

Add ↓

☐ Equation Score

☐ Operations Score

☐ All Operations BONUS (35 points)

P ___ X 6 = ___   Add ↓
E ___ X 5 = ___ +
M ___ X 4 = ___ +
D ___ X 3 = ___ +
A ___ X 2 = ___ +
S ___ X 1 = ___ +

___ GAME TOTAL

Total Operations Score ___

©LearningIsFun.biz

SPLAT! Where Creativity and Math Collide

MATH OPS
Level TWO

Name _____

Given Numbers ☐☐☐   **Goal** ☐   **Created Numbers** ↓

OPERATIONS					
P ( )	E x^N	M ×	D ÷	A +	S −

20 ☐ _____
18 ☐ _____
16 ☐ _____
14 ☐ _____
12 ☐ _____
10 ☐ _____

Tally Columns →

Add ↓

☐ **Equation Score**

☐ **Operations Score**

☐ **All Operations BONUS (35 points)**

P ___ X 6 = ___   Add ↓
E ___ X 5 = ___ +
M ___ X 4 = ___ +
D ___ X 3 = ___ +
A ___ X 2 = ___ +
S ___ X 1 = ___ +

Total Operations Score _____

↳ _____ **GAME TOTAL**

©LearningIsFun.biz

MATH OPS
Level TWO

Name _____

Given Numbers ☐ ☐ ☐   **Goal** ☐   **Created Numbers ↓**

OPERATIONS

P ( )	E x^N	M ×	D ÷	A +	S −

20 ☐ _____
18 ☐ _____
16 ☐ _____
14 ☐ _____
12 ☐ _____
10 ☐ _____

Tally Columns →

Add ↓ ☐ Equation Score

☐ Operations Score ←

☐ All Operations BONUS (35 points)

P ___ X 6 = ___   Add ↓
E ___ X 5 = ___ +
M ___ X 4 = ___ +
D ___ X 3 = ___ +
A ___ X 2 = ___ +
S ___ X 1 = ___ +

Total Operations Score ___ ↵

↳ ____ GAME TOTAL

©LearningIsFun.biz

MATH OPS
Level TWO

Name _____

Given Numbers: ☐ ☐ ☐

Goal: ☐

Created Numbers ↓

OPERATIONS					
P ( )	E x^N	M ×	D ÷	A +	S −

20 ☐ _____
18 ☐ _____
16 ☐ _____
14 ☐ _____
12 ☐ _____
10 ☐ _____

Tally Columns →

Add ↓

☐ Equation Score

☐ Operations Score

☐ All Operations BONUS (35 points)

P ___ × 6 = ___   Add ↓
E ___ × 5 = ___ +
M ___ × 4 = ___ +
D ___ × 3 = ___ +
A ___ × 2 = ___ +
S ___ × 1 = ___ +

Total Operations Score ___

____ GAME TOTAL

©LearningIsFun.biz

MATH OPS
Level TWO

Name _____

Given Numbers: ☐ ☐ ☐   **Goal:** ☐

Created Numbers ↓

OPERATIONS

P ( )	E ×ⁿ	M ×	D ÷	A +	S −

Tally Columns →

20 ☐ _____
18 ☐ _____
16 ☐ _____
14 ☐ _____
12 ☐ _____
10 ☐ _____

Add ↓

☐ **Equation Score**

☐ **Operations Score** ←

☐ **All Operations BONUS (35 points)**

P ___ X 6 = ___   Add ↓
E ___ X 5 = ___ +
M ___ X 4 = ___ +
D ___ X 3 = ___ +
A ___ X 2 = ___ +
S ___ X 1 = ___ +

Total Operations Score ___ ↵

↳ === **GAME TOTAL**

©LearningIsFun.biz

SPLAT! Where Creativity and Math Collide

MATH OPS
Level TWO

Name _____

Given Numbers ☐☐☐ **Goal** ☐

Created Numbers ↓

OPERATIONS					
P ( )	E x^n	M ×	D ÷	A +	S −

20 ☐ _____
18 ☐ _____
16 ☐ _____
14 ☐ _____
12 ☐ _____
10 ☐ _____

Tally Columns →

Add ↓

☐ **Equation Score**

☐ **Operations Score**

☐ **All Operations BONUS (35 points)**

P ___ X 6 = ___   Add ↓
E ___ X 5 = ___ +
M ___ X 4 = ___ +
D ___ X 3 = ___ +
A ___ X 2 = ___ +
S ___ X 1 = ___ +

Total Operations Score ___

↳ _____ **GAME TOTAL**

©LearningIsFun.biz

MATH OPS
Level TWO

Name _____

Given Numbers
☐ ☐ ☐

Goal
☐

Created Numbers ↓
☐
☐
☐
☐
☐
☐
☐

Tally Columns →

OPERATIONS

P ( )	E x^N	M ×	D ÷	A +	S −

20 ☐ _____
18 ☐ _____
16 ☐ _____
14 ☐ _____
12 ☐ _____
10 ☐ _____

Add ↓

☐ Equation Score

☐ Operations Score

☐ All Operations BONUS (35 points)

↳ _____ GAME TOTAL

P ___ X 6 = ___   Add ↓
E ___ X 5 = ___ +
M ___ X 4 = ___ +
D ___ X 3 = ___ +
A ___ X 2 = ___ +
S ___ X 1 = ___ +

Total Operations Score _____ ↵

©LearningIsFun.biz

SPLAT! Where Creativity and Math Collide

MATH OPS
Level TWO

Name _____

Given Numbers [ ][ ][ ] **Goal** [ ] **Created Numbers** ↓

OPERATIONS

P ( )	E x^N	M ×	D ÷	A +	S −

20 ☐ _____
18 ☐ _____
16 ☐ _____
14 ☐ _____
12 ☐ _____
10 ☐ _____

Tally Columns →

Add ↓ [ ] **Equation Score**

[ ] **Operations Score**

[ ] **All Operations BONUS (35 points)**

P ___ X 6 = ___   Add ↓
E ___ X 5 = ___ +
M ___ X 4 = ___ +
D ___ X 3 = ___ +
A ___ X 2 = ___ +
S ___ X 1 = ___ +

↳ _____ **GAME TOTAL**

Total Operations Score ___ ↵

©LearningIsFun.biz

47

MATH OPS
Level TWO

Name _____

Given Numbers
☐ ☐ ☐

Goal
☐

Created Numbers ↓
☐
☐
☐
☐
☐
☐
☐

Tally Columns →

OPERATIONS

P ( )	E x^N	M ×	D ÷	A +	S −

20 ☐ _____
18 ☐ _____
16 ☐ _____
14 ☐ _____
12 ☐ _____
10 ☐ _____

Add ↓

☐ Equation Score

☐ Operations Score

☐ All Operations BONUS (35 points)

P ___ × 6 = ___   Add ↓
E ___ × 5 = ___ +
M ___ × 4 = ___ +
D ___ × 3 = ___ +
A ___ × 2 = ___ +
S ___ × 1 = ___ +

Total Operations Score ___

↳ === GAME TOTAL

©LearningIsFun.biz

MATH OPS
Level TWO

Name _____

Given Numbers: ▢ ▢ ▢   Goal: ▢

Created Numbers ↓

P ( )	E x^N	M ×	D ÷	A +	S −

OPERATIONS

20 ▢ _____
18 ▢ _____
16 ▢ _____
14 ▢ _____
12 ▢ _____
10 ▢ _____

Tally Columns →

Add ↓

▢ Equation Score

▢ Operations Score

▢ All Operations BONUS (35 points)

P ___ × 6 = ___   Add ↓
E ___ × 5 = ___ +
M ___ × 4 = ___ +
D ___ × 3 = ___ +
A ___ × 2 = ___ +
S ___ × 1 = ___ +

Total Operations Score ___

↳ ___ GAME TOTAL

©LearningIsFun.biz

MATH OPS
Level TWO

Name _____

Given Numbers ☐☐☐ **Goal** ☐

Created Numbers ↓

OPERATIONS

P ( )	E x^N	M ×	D ÷	A +	S −

20 ☐ _____
18 ☐ _____
16 ☐ _____
14 ☐ _____
12 ☐ _____
10 ☐ _____

Tally Columns →

Add ↓

☐ **Equation Score**

☐ **Operations Score**

☐ **All Operations BONUS (35 points)**

P ___ X 6 = ___ Add ↓
E ___ X 5 = ___ +
M ___ X 4 = ___ +
D ___ X 3 = ___ +
A ___ X 2 = ___ +
S ___ X 1 = ___ +

Total Operations Score ___

↳ ═══ **GAME TOTAL**

©LearningIsFun.biz

SPLAT! Where Creativity and Math Collide

MATH OPS
Level TWO

Name _____

Given Numbers ☐☐☐ **Goal** ☐

Created Numbers ↓

OPERATIONS					
P ( )	E x^N	M ×	D ÷	A +	S −

20 ☐ _____
18 ☐ _____
16 ☐ _____
14 ☐ _____
12 ☐ _____
10 ☐ _____

Tally Columns →

Add ↓ ☐ **Equation Score**

☐ **Operations Score**

☐ **All Operations BONUS (35 points)**

P ___ X 6 = ___   Add ↓
E ___ X 5 = ___ +
M ___ X 4 = ___ +
D ___ X 3 = ___ +
A ___ X 2 = ___ +
S ___ X 1 = ___ +

Total Operations Score ___

↳ ___ **GAME TOTAL**

©LearningIsFun.biz

MATH OPS
Level TWO

Name _____

Given Numbers
☐ ☐ ☐

Goal
☐

Created Numbers ↓

OPERATIONS

P ( )	E x^N	M ×	D ÷	A +	S −

20 ☐ _____
18 ☐ _____
16 ☐ _____
14 ☐ _____
12 ☐ _____
10 ☐ _____

Tally Columns →

Add ↓

☐ Equation Score

☐ Operations Score

☐ All Operations BONUS (35 points)

P ___ X 6 = ___   Add ↓
E ___ X 5 = ___ +
M ___ X 4 = ___ +
D ___ X 3 = ___ +
A ___ X 2 = ___ +
S ___ X 1 = ___ +

Total Operations Score ___

↳ _____ GAME TOTAL

©LearningIsFun.biz

SPLAT! Where Creativity and Math Collide

MATH OPS
Level TWO

Name _____

Given Numbers: ☐ ☐ ☐   Goal: ☐

Created Numbers ↓

P ( )	E x^n	M ×	D ÷	A +	S −

OPERATIONS

20 ☐ _____
18 ☐ _____
16 ☐ _____
14 ☐ _____
12 ☐ _____
10 ☐ _____

Tally Columns →

Add ↓

☐ Equation Score

☐ Operations Score

☐ All Operations BONUS (35 points)

P ___ × 6 = ___ Add ↓
E ___ × 5 = ___ +
M ___ × 4 = ___ +
D ___ × 3 = ___ +
A ___ × 2 = ___ +
S ___ × 1 = ___ +

Total Operations Score ___

↳ ___ GAME TOTAL

©LearningIsFun.biz

MATH OPS
Level TWO

Name _____

Given Numbers: ☐ ☐ ☐　　**Goal**: ☐

Created Numbers ↓

OPERATIONS

P ( )	E x^N	M ×	D ÷	A +	S −

Tally Columns →

20 ☐ _____
18 ☐ _____
16 ☐ _____
14 ☐ _____
12 ☐ _____
10 ☐ _____

Add ↓

☐ **Equation Score**

☐ **Operations Score**

☐ **All Operations BONUS (35 points)**

↳ _____ **GAME TOTAL**

P ___ × 6 = ___　Add ↓
E ___ × 5 = ___ +
M ___ × 4 = ___ +
D ___ × 3 = ___ +
A ___ × 2 = ___ +
S ___ × 1 = ___ +

Total Operations Score _____

©LearningIsFun.biz

SPLAT! Where Creativity and Math Collide

MATH OPS
Level TWO

Name _____

Given Numbers ▢▢▢ **Goal** ▢ **Created Numbers** ↓

OPERATIONS					
P ( )	E x^N	M ×	D ÷	A +	S −

20 ▢ _____
18 ▢ _____
16 ▢ _____
14 ▢ _____
12 ▢ _____
10 ▢ _____

Tally Columns →

Add ↓

▢ **Equation Score**

▢ **Operations Score** ←

▢ **All Operations BONUS (35 points)**

P ___ X 6 = ___   Add ↓
E ___ X 5 = ___ +
M ___ X 4 = ___ +
D ___ X 3 = ___ +
A ___ X 2 = ___ +
S ___ X 1 = ___ +

Total Operations Score _____ ↵

↳ _____ **GAME TOTAL**

©LearningIsFun.biz

MATH OPS
Level TWO

Name _____

Given Numbers [ ][ ][ ]   **Goal** [ ]   **Created Numbers** ↓

OPERATIONS

P ( )	E ×ⁿ	M ×	D ÷	A +	S −

20 ☐ _____
18 ☐ _____
16 ☐ _____
14 ☐ _____
12 ☐ _____
10 ☐ _____

Tally Columns →

Add ↓

[ ] **Equation Score**

[ ] **Operations Score**

[ ] **All Operations BONUS (35 points)**

P ___ X 6 = ___ Add ↓
E ___ X 5 = ___ +
M ___ X 4 = ___ +
D ___ X 3 = ___ +
A ___ X 2 = ___ +
S ___ X 1 = ___ +

Total Operations Score ___

↳ ___ **GAME TOTAL**

©LearningIsFun.biz

CHAPTER 8
GAME SHEETS: LEVEL THREE
Links to free video instructions for SPLAT! can be found at www.learningisfun.biz

Level Three: Reach the **Goal** within six line-by-line equations, use all PEMDAS operations at least once, AND use one or more of the Challenge Operations.

To create your own Given and Goal Numbers see directions on page 13. OR, use the numbers I rolled below.

Given			Goal
2	6	8	60
1	8	3	5
2	11	5	24
5	9	6	5
1	8	6	9
3	5	4	42
5	6	2	4
4	9	12	30
2	10	9	24
5	9	8	45

More numbers:

Given			Goal
2	7	3	9
1	8	7	60
4	8	9	16
6	7	2	6
6	9	3	20
5	8	7	66
5	6	9	24
4	7	11	40
3	4	12	30
4	8	3	7
1	5	10	6

For a fun challenge, use the Given and Goal Numbers you used in Level One and Level Two. See if you can double or triple your previous scores.

SPLAT! Where Creativity and Math Collide

MATH OPS
Level THREE

Name _____

Given Numbers ☐☐☐   Goal ☐   Created Numbers ↓

OPERATIONS						Challenge Operations
P ( )	E x^n	M ×	D ÷	A +	S −	

20 ☐ _____
18 ☐ _____
16 ☐ _____
14 ☐ _____
12 ☐ _____
10 ☐ _____

Tally Columns →

Add ↓

☐ Equation Score

☐ Operations Score ←

☐ All Operations BONUS (35 points)

☐ Challenge Operations BONUS 10 points each
($x^\%$ $\sqrt{x}$ $|x|$)

↳ _____ GAME TOTAL

P ___ X 6 = ___   Add ↓
E ___ X 5 = ___ +
M ___ X 4 = ___ +
D ___ X 3 = ___ +
A ___ X 2 = ___ +
S ___ X 1 = ___ +

Total Operations Score _____ ↵

©LearningIsFun.biz

MATH OPS
Level THREE

Name _____

Given Numbers ☐☐☐ **Goal** ☐ **Created Numbers ↓**

	P ( )	E x^N	M ×	D ÷	A +	S −	Challenge Operations
20 ☐ _____							
18 ☐ _____							
16 ☐ _____							
14 ☐ _____							
12 ☐ _____							
10 ☐ _____							

Tally Columns →

Add ↓

☐ **Equation Score**

☐ **Operations Score** ←

☐ **All Operations BONUS (35 points)**

☐ **Challenge Operations BONUS 10 points each**
($x^\%$ $\sqrt[x]{x}$ $|x|$)

↳ ____ **GAME TOTAL**

P ___ X 6 = ___   Add ↓
E ___ X 5 = ___ +
M ___ X 4 = ___ +
D ___ X 3 = ___ +
A ___ X 2 = ___ +
S ___ X 1 = ___ +

Total Operations Score ___ ↵

©LearningIsFun.biz

SPLAT! Where Creativity and Math Collide

MATH OPS
Level THREE

Name _____

Given Numbers ☐ ☐ ☐ **Goal** ☐ **Created Numbers** ↓

OPERATIONS

P ( )	E x^N	M ×	D ÷	A +	S −	Challenge Operations

20 ☐ _____
18 ☐ _____
16 ☐ _____
14 ☐ _____
12 ☐ _____
10 ☐ _____

Tally Columns →

Add ↓

☐ **Equation Score**

☐ **Operations Score**

☐ **All Operations BONUS (35 points)**

☐ **Challenge Operations BONUS 10 points each** ($x^\%$ $\sqrt{x}$ $|x|$)

↳ ____ **GAME TOTAL**

P ___ × 6 = ___   Add ↓
E ___ × 5 = ___ +
M ___ × 4 = ___ +
D ___ × 3 = ___ +
A ___ × 2 = ___ +
S ___ × 1 = ___ +

Total Operations Score ___ ↵

©LearningIsFun.biz

MATH OPS
Level THREE

Name _____

Given Numbers | **Goal** | **Created Numbers ↓**

OPERATIONS

P ( )	E x^N	M ×	D ÷	A +	S −	Challenge Operations

20 ☐ _____
18 ☐ _____
16 ☐ _____
14 ☐ _____
12 ☐ _____
10 ☐ _____

Tally Columns →

Add ↓

☐ Equation Score

☐ Operations Score

☐ All Operations BONUS (35 points)

☐ Challenge Operations BONUS 10 points each ($x^\%$ $\sqrt{x}$ $|x|$)

⎣→ ===== GAME TOTAL

P ___ × 6 = ___   Add ↓
E ___ × 5 = ___ +
M ___ × 4 = ___ +
D ___ × 3 = ___ +
A ___ × 2 = ___ +
S ___ × 1 = ___ +

Total Operations Score _____   ↵

©LearningIsFun.biz

SPLAT! Where Creativity and Math Collide

MATH OPS
Level THREE

Name _____

Given Numbers ☐ ☐ ☐   **Goal** ☐   **Created Numbers** ↓

OPERATIONS

P ( )	E x^n	M ×	D ÷	A +	S −	Challenge Operations

20 ☐ _____
18 ☐ _____
16 ☐ _____
14 ☐ _____
12 ☐ _____
10 ☐ _____

Tally Columns →

Add ↓

☐ **Equation Score**

☐ **Operations Score**

☐ **All Operations BONUS (35 points)**

☐ **Challenge Operations BONUS 10 points each** ($x\%$ $\sqrt{x}$ $|x|$)

_____ **GAME TOTAL**

P ___ X 6 = ___   Add ↓
E ___ X 5 = ___ +
M ___ X 4 = ___ +
D ___ X 3 = ___ +
A ___ X 2 = ___ +
S ___ X 1 = ___ +

Total Operations Score ___ ↵

©LearningIsFun.biz

MATH OPS
Level THREE

Name _____

Given Numbers | **Goal** | **Created Numbers** ↓

OPERATIONS

P ( )	E x^N	M ×	D ÷	A +	S −	Challenge Operations

20 ☐ _____
18 ☐ _____
16 ☐ _____
14 ☐ _____
12 ☐ _____
10 ☐ _____

Tally Columns →

Add ↓

☐ Equation Score

☐ Operations Score

☐ All Operations BONUS (35 points)

☐ Challenge Operations BONUS 10 points each
($x^\%$ $\sqrt{x}$ $|x|$)

⎿ === GAME TOTAL

P ___ × 6 = ___   Add ↓
E ___ × 5 = ___ +
M ___ × 4 = ___ +
D ___ × 3 = ___ +
A ___ × 2 = ___ +
S ___ × 1 = ___ +

Total Operations Score _____

©LearningIsFun.biz

SPLAT! Where Creativity and Math Collide

MATH OPS
Level THREE

Name _____

Given Numbers ☐ ☐ ☐   **Goal** ☐   **Created Numbers** ↓

OPERATIONS

P ( )	E x^N	M ×	D ÷	A +	S −	Challenge Operations

20 ☐ _____
18 ☐ _____
16 ☐ _____
14 ☐ _____
12 ☐ _____
10 ☐ _____

Tally Columns →

Add ↓

☐ **Equation Score**

☐ **Operations Score**

☐ **All Operations BONUS (35 points)**

☐ **Challenge Operations BONUS 10 points each**
($x^\%$ $\sqrt{x}$ $|x|$)

↳ _____ **GAME TOTAL**

P ___ × 6 = ___   Add ↓
E ___ × 5 = ___ +
M ___ × 4 = ___ +
D ___ × 3 = ___ +
A ___ × 2 = ___ +
S ___ × 1 = ___ +

Total Operations Score ___ ↵

©LearningIsFun.biz

MATH OPS
Level THREE

Name _____

Given Numbers ☐ ☐ ☐ **Goal** ☐ **Created Numbers** ↓

	OPERATIONS						Challenge Operations
	P ( )	E x^N	M ×	D ÷	A +	S −	

20 ☐ _____
18 ☐ _____
16 ☐ _____
14 ☐ _____
12 ☐ _____
10 ☐ _____

Tally Columns →

Add ↓

☐ **Equation Score**

☐ **Operations Score** ←

☐ **All Operations BONUS (35 points)**

☐ **Challenge Operations BONUS 10 points each** ($x^\%$ $\sqrt{x}$ $|x|$)

P ___ × 6 = ___   Add ↓
E ___ × 5 = ___ +
M ___ × 4 = ___ +
D ___ × 3 = ___ +
A ___ × 2 = ___ +
S ___ × 1 = ___ +

Total Operations Score ___

↳ _____ **GAME TOTAL**

©LearningIsFun.biz

SPLAT! Where Creativity and Math Collide

MATH OPS
Level THREE

Name _____

Given Numbers [ ][ ][ ]   Goal [ ]   Created Numbers ↓

P ( )	E x^n	M ×	D ÷	A +	S −	Challenge Operations

OPERATIONS

20 ☐ _____
18 ☐ _____
16 ☐ _____
14 ☐ _____
12 ☐ _____
10 ☐ _____

Tally Columns →

Add ↓

☐ Equation Score

☐ Operations Score ←

☐ All Operations BONUS (35 points)

☐ Challenge Operations BONUS 10 points each
($x\%$ $\sqrt{x}$ $|x|$)

↳ ___ GAME TOTAL

P ___ X 6 = ____   Add ↓
E ___ X 5 = ____ +
M ___ X 4 = ____ +
D ___ X 3 = ____ +
A ___ X 2 = ____ +
S ___ X 1 = ____ +

Total Operations Score ____ ↵

©LearningIsFun.biz

MATH OPS
Level THREE

Name _____

Given Numbers [ ][ ][ ] **Goal** [ ] **Created Numbers ↓**

P ( )	E x^N	M ×	D ÷	A +	S −	Challenge Operations

20 ☐ _____
18 ☐ _____
16 ☐ _____
14 ☐ _____
12 ☐ _____
10 ☐ _____

Tally Columns →

Add ↓

[ ] Equation Score
[ ] Operations Score
[ ] All Operations BONUS (35 points)
[ ] Challenge Operations BONUS 10 points each (x% √x̄ |x|)

↳ ___ GAME TOTAL

P ___ X 6 = ___   Add ↓
E ___ X 5 = ___ +
M ___ X 4 = ___ +
D ___ X 3 = ___ +
A ___ X 2 = ___ +
S ___ X 1 = ___ +

Total Operations Score ___

©LearningIsFun.biz

MATH OPS
Level THREE

Name _____

Given Numbers ☐ ☐ ☐   **Goal** ☐

Created Numbers ↓

OPERATIONS

P ( )	E x^N	M ×	D ÷	A +	S −	Challenge Operations

20 ☐ _____
18 ☐ _____
16 ☐ _____
14 ☐ _____
12 ☐ _____
10 ☐ _____

Tally Columns →

Add ↓

☐ **Equation Score**

☐ **Operations Score**

☐ **All Operations BONUS (35 points)**

☐ **Challenge Operations BONUS 10 points each**
($x^\%$ $\sqrt{x}$ $|x|$)

↳ _____ **GAME TOTAL**

P ___ × 6 = ___   Add ↓
E ___ × 5 = ___ +
M ___ × 4 = ___ +
D ___ × 3 = ___ +
A ___ × 2 = ___ +
S ___ × 1 = ___ +

Total Operations Score ___ ↵

©LearningIsFun.biz

MATH OPS
Level THREE

Name _____

Given Numbers ☐☐☐   **Goal** ☐   **Created Numbers** ↓

OPERATIONS

P ( )	E x^N	M ×	D ÷	A +	S −	Challenge Operations

20 ☐ _____
18 ☐ _____
16 ☐ _____
14 ☐ _____
12 ☐ _____
10 ☐ _____

Tally Columns →

Add ↓

☐ **Equation Score**

☐ **Operations Score** ←

☐ **All Operations BONUS (35 points)**

☐ **Challenge Operations BONUS 10 points each** ($x^\%$ $\sqrt{x}$ $|x|$)

↳ _____ **GAME TOTAL**

P ___ X 6 = ___   Add ↓
E ___ X 5 = ___ +
M ___ X 4 = ___ +
D ___ X 3 = ___ +
A ___ X 2 = ___ +
S ___ X 1 = ___ +

Total Operations Score _____ ↵

©LearningIsFun.biz

SPLAT! Where Creativity and Math Collide

MATH OPS
Level THREE

Name _____

Given Numbers: ☐ ☐ ☐
Goal: ☐
Created Numbers ↓

OPERATIONS						Challenge Operations
P ( )	E x^n	M ×	D ÷	A +	S −	

20 ☐ _____
18 ☐ _____
16 ☐ _____
14 ☐ _____
12 ☐ _____
10 ☐ _____

Tally Columns →

Add ↓

☐ **Equation Score**

☐ **Operations Score**

☐ **All Operations BONUS (35 points)**

☐ **Challenge Operations BONUS 10 points each**
($x\%$ $\sqrt{x}$ $|x|$)

↳ ═══ **GAME TOTAL**

P ___ X 6 = ___   Add ↓
E ___ X 5 = ___ +
M ___ X 4 = ___ +
D ___ X 3 = ___ +
A ___ X 2 = ___ +
S ___ X 1 = ___ +

Total Operations Score ___ ↵

©LearningIsFun.biz

MATH OPS
Level THREE

Name _____

Given Numbers: ☐ ☐ ☐ **Goal:** ☐

Created Numbers ↓

OPERATIONS

P ( )	E x^N	M ×	D ÷	A +	S −	Challenge Operations

20 ☐ _____
18 ☐ _____
16 ☐ _____
14 ☐ _____
12 ☐ _____
10 ☐ _____

Tally Columns →

Add ↓

☐ **Equation Score**

☐ **Operations Score**

☐ **All Operations BONUS (35 points)**

☐ **Challenge Operations BONUS 10 points each**
($x^{\%}$ $\sqrt{x}$ $|x|$)

↳ _____ **GAME TOTAL**

P ___ X 6 = ___   Add ↓
E ___ X 5 = ___ +
M ___ X 4 = ___ +
D ___ X 3 = ___ +
A ___ X 2 = ___ +
S ___ X 1 = ___ +

Total Operations Score ___

©LearningIsFun.biz

SPLAT! Where Creativity and Math Collide

MATH OPS
Level THREE

Name _____

Given Numbers ☐ ☐ ☐   **Goal** ☐   **Created Numbers** ↓

P ( )	E x^n	M ×	D ÷	A +	S −	Challenge Operations

OPERATIONS

20 ☐ _____
18 ☐ _____
16 ☐ _____
14 ☐ _____
12 ☐ _____
10 ☐ _____

Tally Columns →

Add ↓

☐ Equation Score
☐ Operations Score
☐ All Operations BONUS (35 points)
☐ Challenge Operations BONUS 10 points each ($x\%$ $\sqrt{x}$ $|x|$)

══ GAME TOTAL

P ___ × 6 = ___   Add ↓
E ___ × 5 = ___ +
M ___ × 4 = ___ +
D ___ × 3 = ___ +
A ___ × 2 = ___ +
S ___ × 1 = ___ +

Total Operations Score ___

©LearningIsFun.biz

MATH OPS
Level THREE

Name _____

Given Numbers ☐ ☐ ☐   **Goal** ☐   **Created Numbers** ↓

OPERATIONS

P ( )	E x^n	M ×	D ÷	A +	S −	Challenge Operations

20 ☐ _____
18 ☐ _____
16 ☐ _____
14 ☐ _____
12 ☐ _____
10 ☐ _____

Tally Columns →

Add ↓

☐ **Equation Score**

☐ **Operations Score**

☐ **All Operations BONUS (35 points)**

☐ **Challenge Operations BONUS 10 points each**
($x^\%$ $\sqrt{x}$ $|x|$)

↳ _____ **GAME TOTAL**

P ___ × 6 = ___   Add ↓
E ___ × 5 = ___ +
M ___ × 4 = ___ +
D ___ × 3 = ___ +
A ___ × 2 = ___ +
S ___ × 1 = ___ +

Total Operations Score ___ ↵

©LearningIsFun.biz

MATH OPS
Level THREE

Name _____

Given Numbers ☐ ☐ ☐   **Goal** ☐

Created Numbers ↓

OPERATIONS

P ()	E x^n	M ×	D ÷	A +	S −	Challenge Operations

20 ☐ _____
18 ☐ _____
16 ☐ _____
14 ☐ _____
12 ☐ _____
10 ☐ _____

Tally Columns →

Add ↓

☐ **Equation Score**

☐ **Operations Score**

☐ **All Operations BONUS (35 points)**

☐ **Challenge Operations BONUS 10 points each** ($x\%$ $\sqrt{x}$ $|x|$)

↳ ══ **GAME TOTAL**

P ___ X 6 = ___   Add ↓
E ___ X 5 = ___ +
M ___ X 4 = ___ +
D ___ X 3 = ___ +
A ___ X 2 = ___ +
S ___ X 1 = ___ +

Total Operations Score ___ ↵

©LearningIsFun.biz

MATH OPS
Level THREE

Name _____

Given Numbers ☐☐☐ **Goal** ☐ **Created Numbers** ↓

OPERATIONS

P ( )	E x^n	M ×	D ÷	A +	S −	Challenge Operations

Tally Columns →

20 ☐ _____
18 ☐ _____
16 ☐ _____
14 ☐ _____
12 ☐ _____
10 ☐ _____

Add ↓

☐ **Equation Score**

☐ **Operations Score**

☐ **All Operations BONUS (35 points)**

☐ **Challenge Operations BONUS 10 points each** ($x^\%$ $\sqrt{x}$ $|x|$)

GAME TOTAL _____

P ___ X 6 = ___   Add ↓
E ___ X 5 = ___ +
M ___ X 4 = ___ +
D ___ X 3 = ___ +
A ___ X 2 = ___ +
S ___ X 1 = ___ +

Total Operations Score _____

©LearningIsFun.biz

SPLAT! Where Creativity and Math Collide

MATH OPS
Level THREE

Name _____

Given Numbers ☐ ☐ ☐   Goal ☐   Created Numbers ↓

OPERATIONS						Challenge Operations
P ( )	E x^n	M $\times$	D $\div$	A $+$	S $-$	

20 ☐ _____
18 ☐ _____
16 ☐ _____
14 ☐ _____
12 ☐ _____
10 ☐ _____

Tally Columns →

Add ↓

☐ Equation Score

☐ Operations Score

☐ All Operations BONUS (35 points)

☐ Challenge Operations BONUS 10 points each ($x^\%$ $\sqrt{x}$ $|x|$)

↳ ____ GAME TOTAL

P ___ X 6 = ___   Add ↓
E ___ X 5 = ___ +
M ___ X 4 = ___ +
D ___ X 3 = ___ +
A ___ X 2 = ___ +
S ___ X 1 = ___ +

Total Operations Score ___ ↵

©LearningIsFun.biz

MATH OPS
Level THREE

Name _____

Given Numbers: ☐ ☐ ☐   **Goal**: ☐

Created Numbers ↓

P ( )	E x^N	M ×	D ÷	A +	S −	Challenge Operations

20 ☐ _____
18 ☐ _____
16 ☐ _____
14 ☐ _____
12 ☐ _____
10 ☐ _____

Tally Columns →

Add ↓

☐ **Equation Score**

☐ **Operations Score**

☐ **All Operations BONUS (35 points)**

☐ **Challenge Operations BONUS 10 points each**
($x\%$ $\sqrt{x}$ $|x|$)

↓

____ = **GAME TOTAL**

P ___ × 6 = ___   Add ↓
E ___ × 5 = ___ +
M ___ × 4 = ___ +
D ___ × 3 = ___ +
A ___ × 2 = ___ +
S ___ × 1 = ___ +

Total Operations Score ___

©LearningIsFun.biz

CHAPTER 9
PLAYING SHEETS FOR ALL LEVELS

Now that you are a master player, enjoy these mini playing sheets. Roll dice to create your own Given and Goal Numbers.

To create your own Given Numbers you need two dice.

Roll one die   *Roll two dice and add together*   *Roll two dice and add together*

For example, in line one* above I got the Given Numbers 1, 6, 10 as follows:

I rolled a 1   I rolled a 2 and 4 and added to get 6.   I rolled a 6 and 4 and added to get ten.

To create your own Goal Number you need three dice.

Role two dice and add them together. *Multiply the sum by the third die.*

For example, in line one* above I got the Goal Number as follows:

I rolled a six and four and added to get ten. I rolled a five and multiplied the sum of ten by five to get 50.

SPLAT! Where Creativity and Math Collide

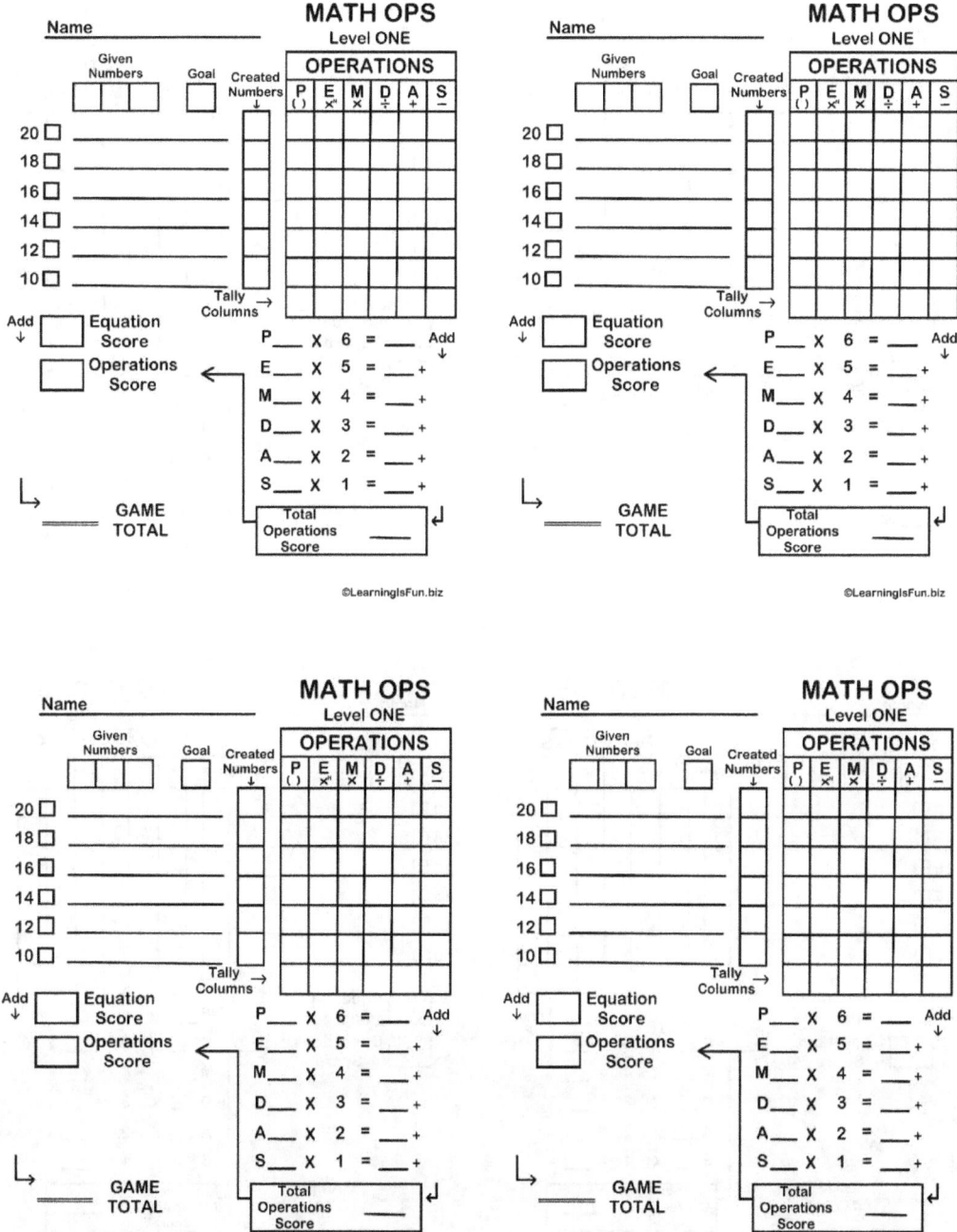

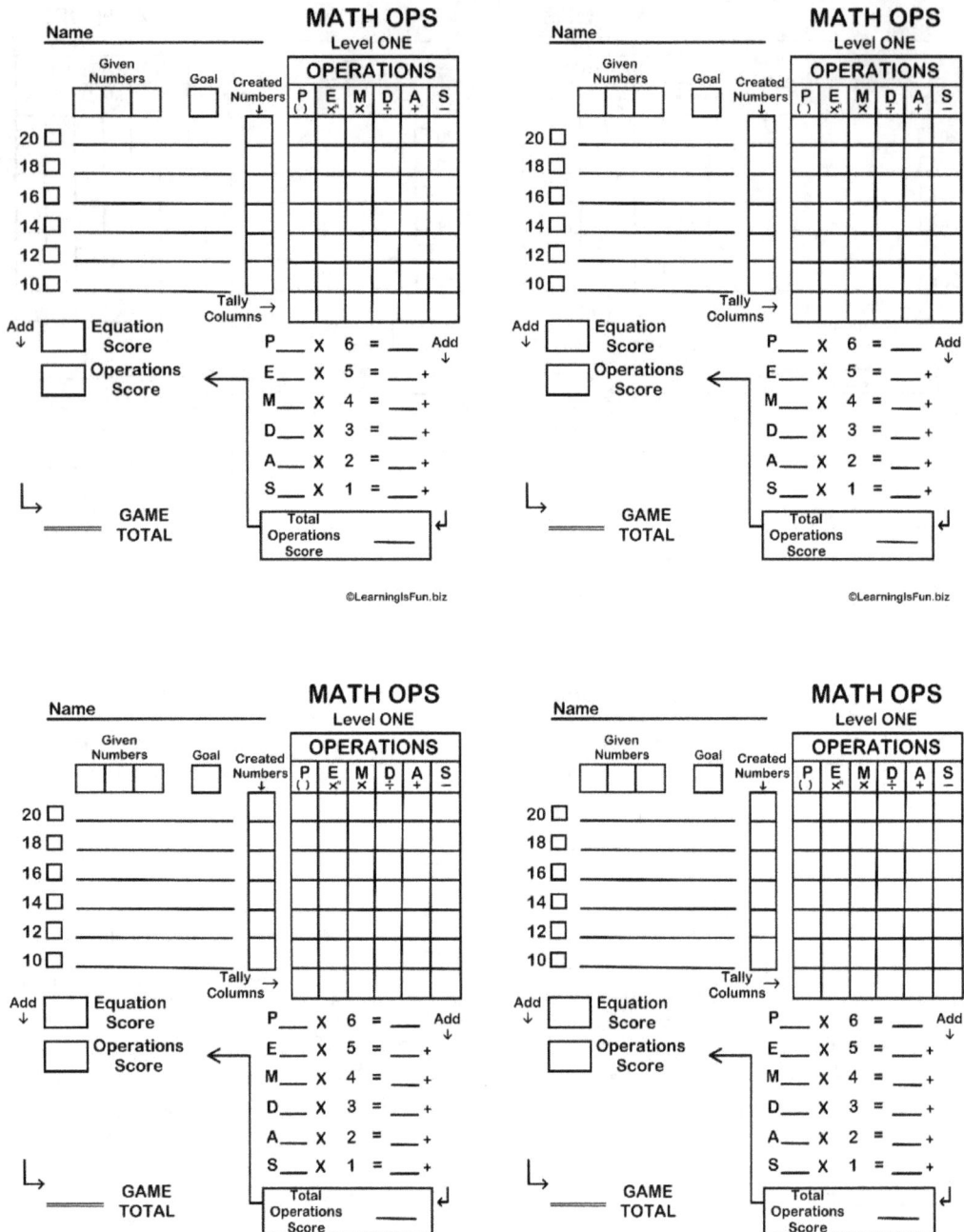

SPLAT! Where Creativity and Math Collide

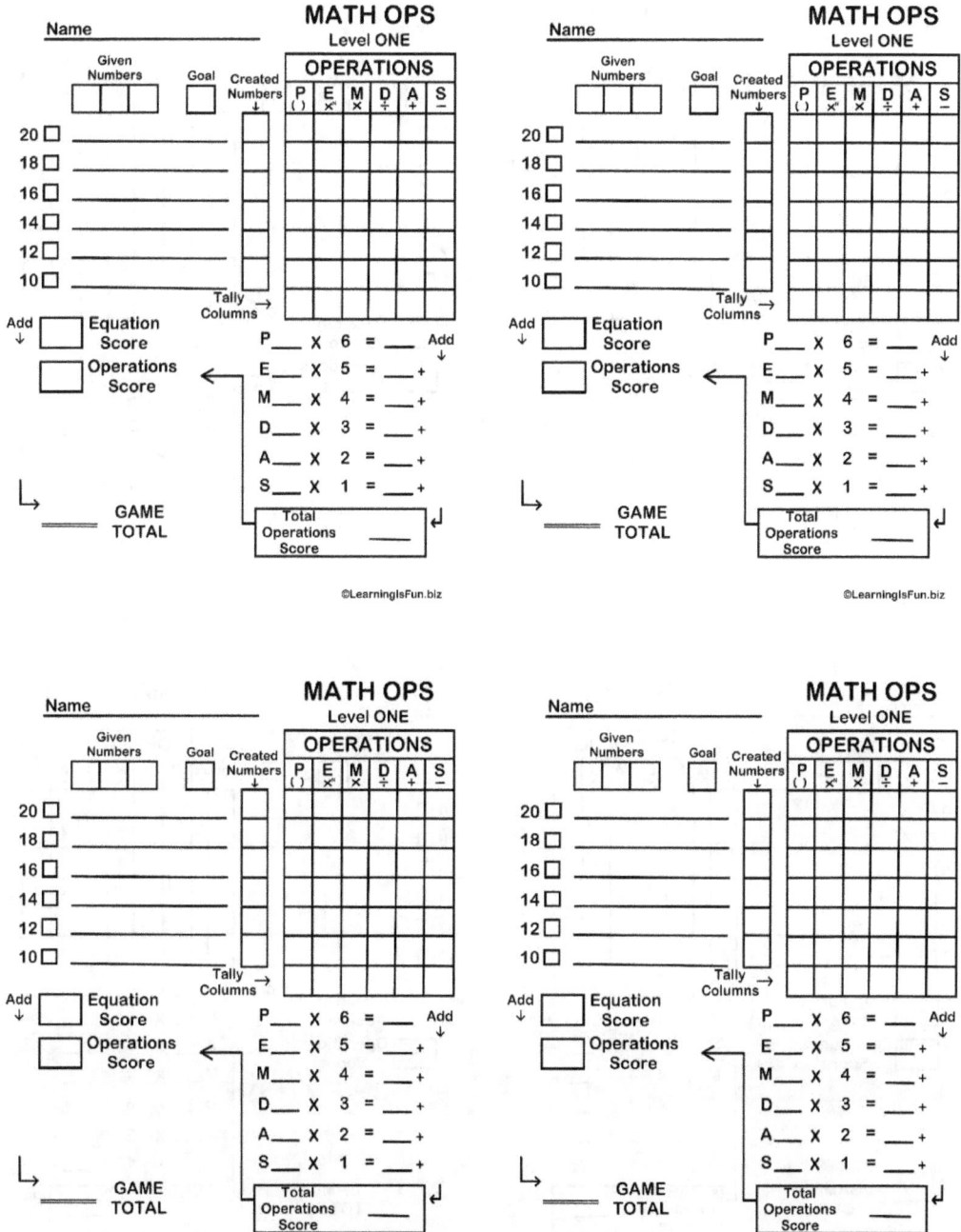

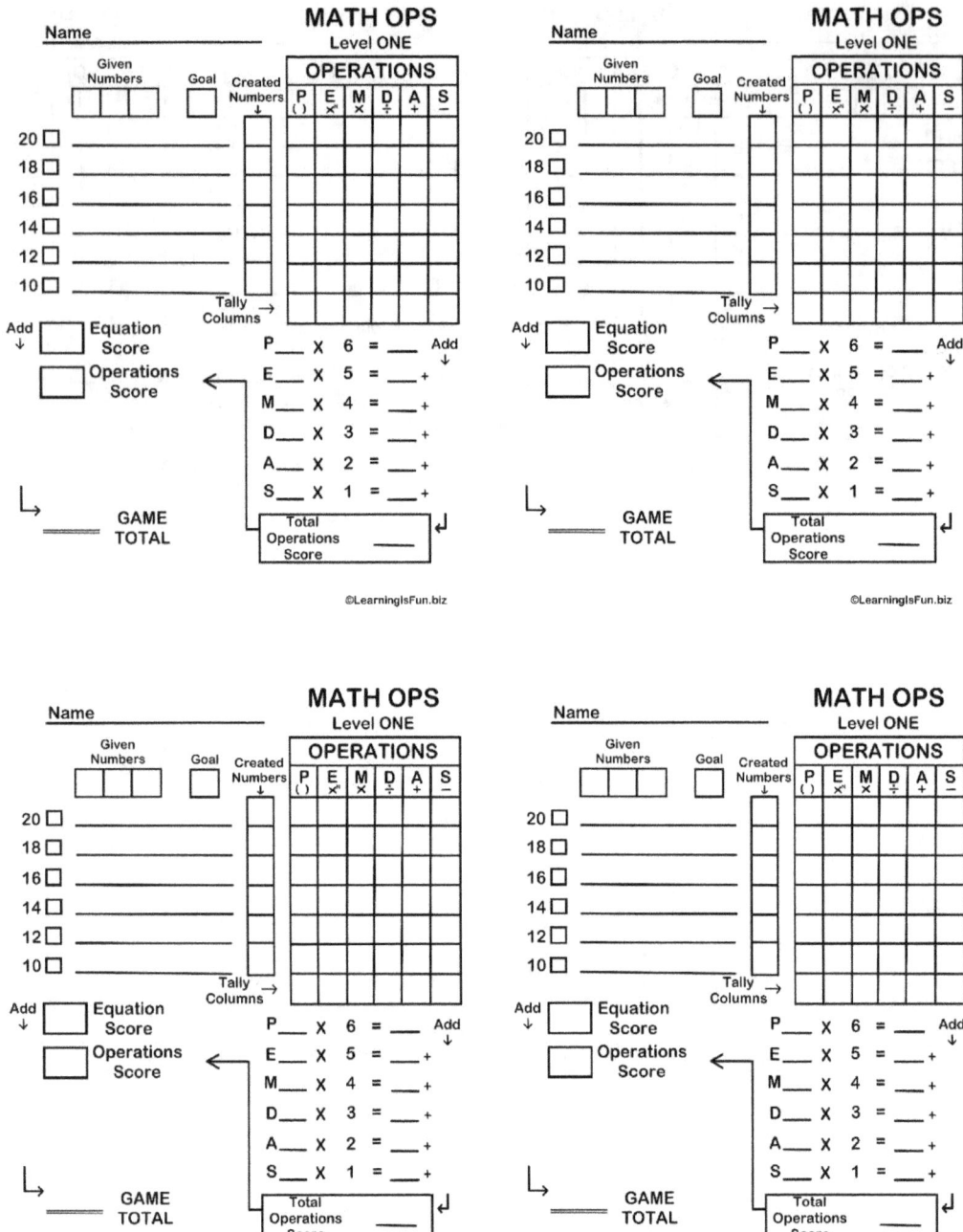

SPLAT! Where Creativity and Math Collide

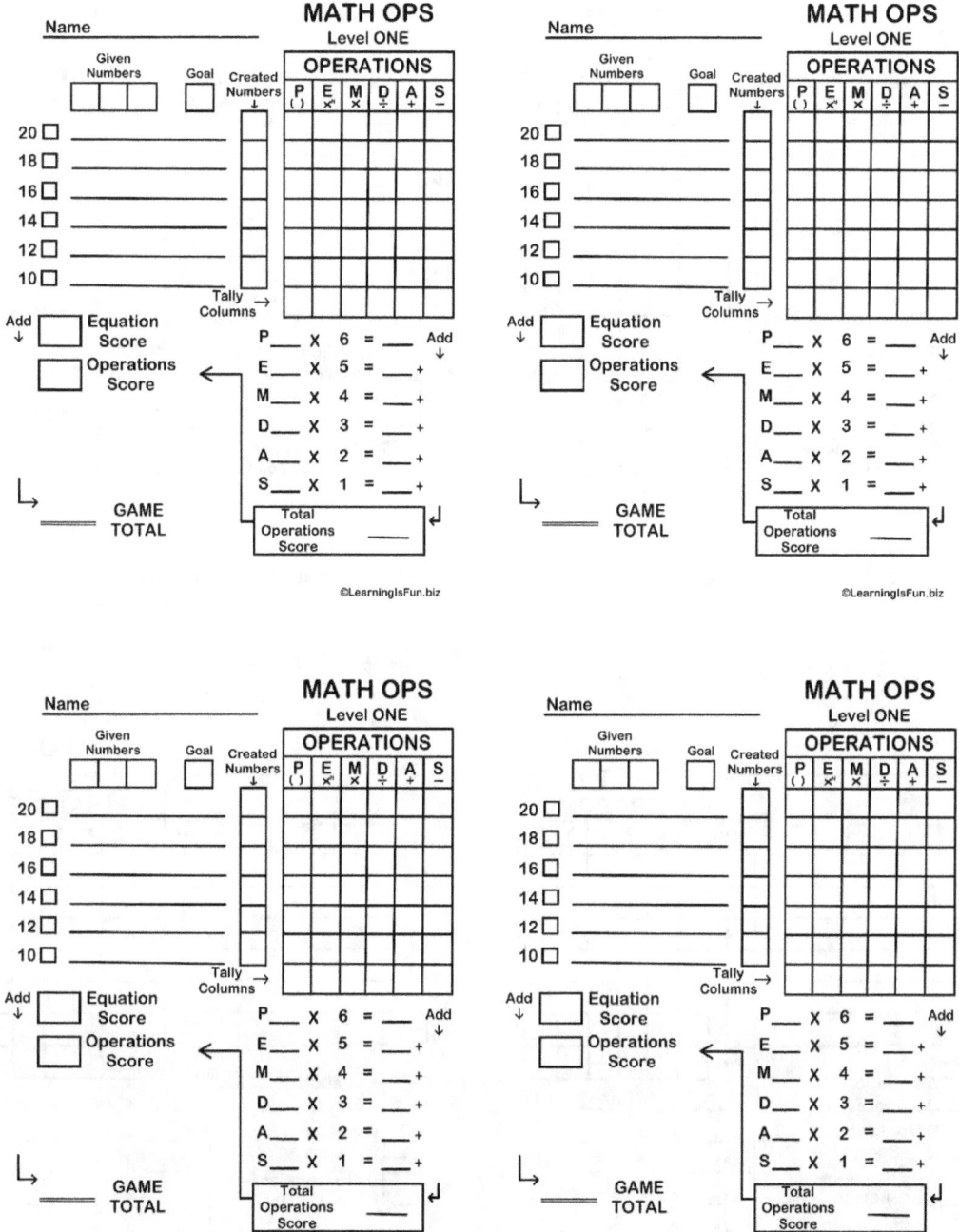

85

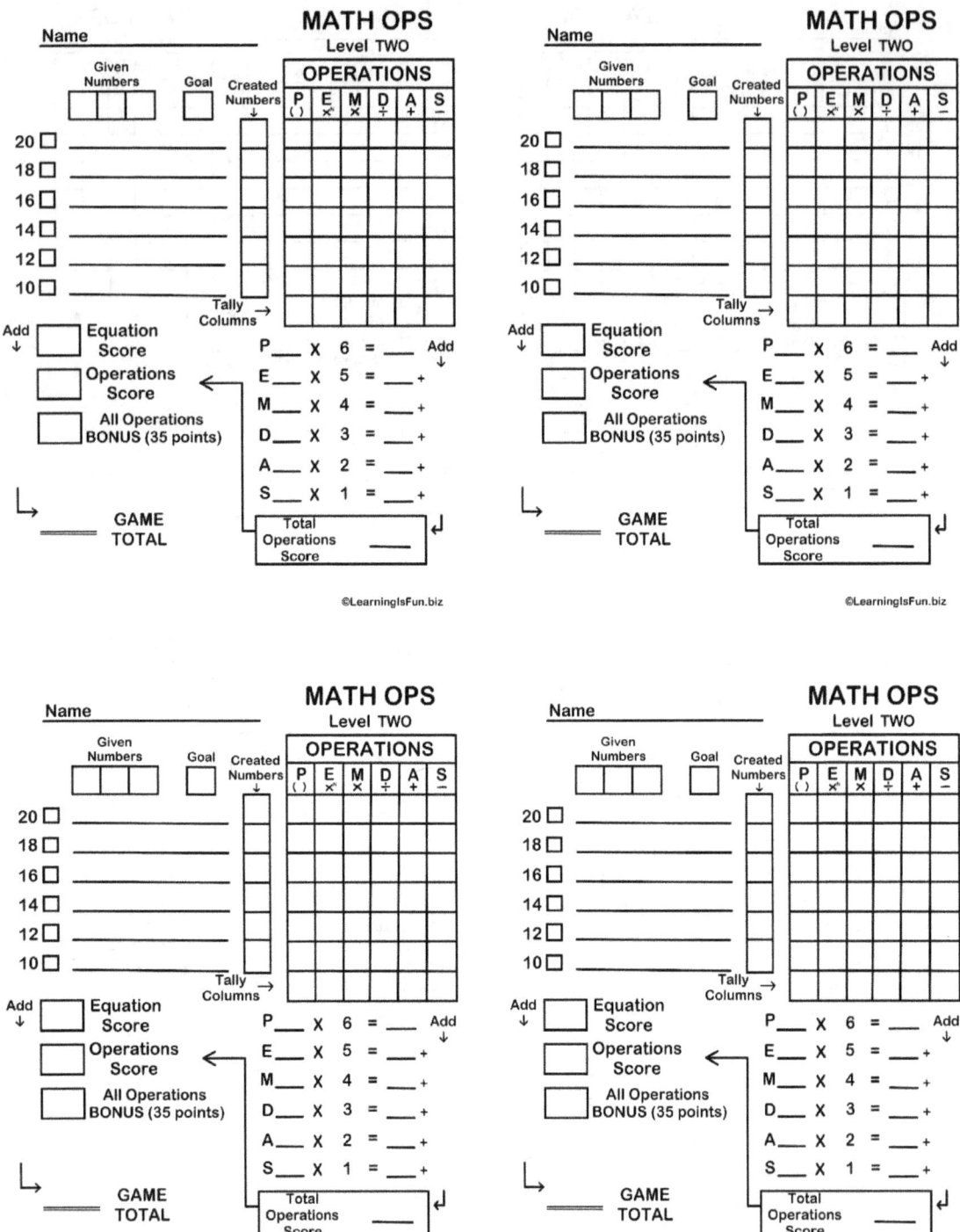

SPLAT! Where Creativity and Math Collide

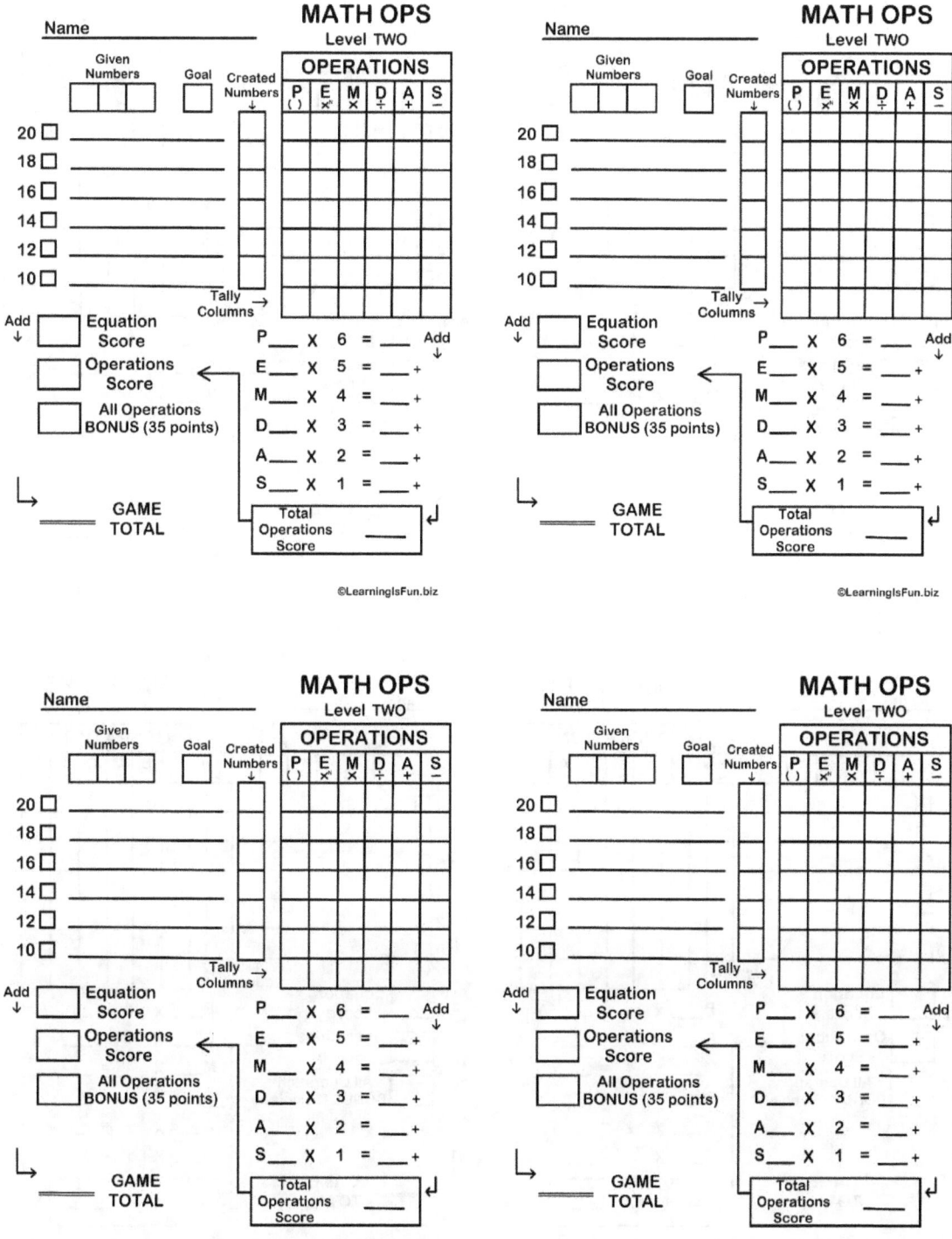

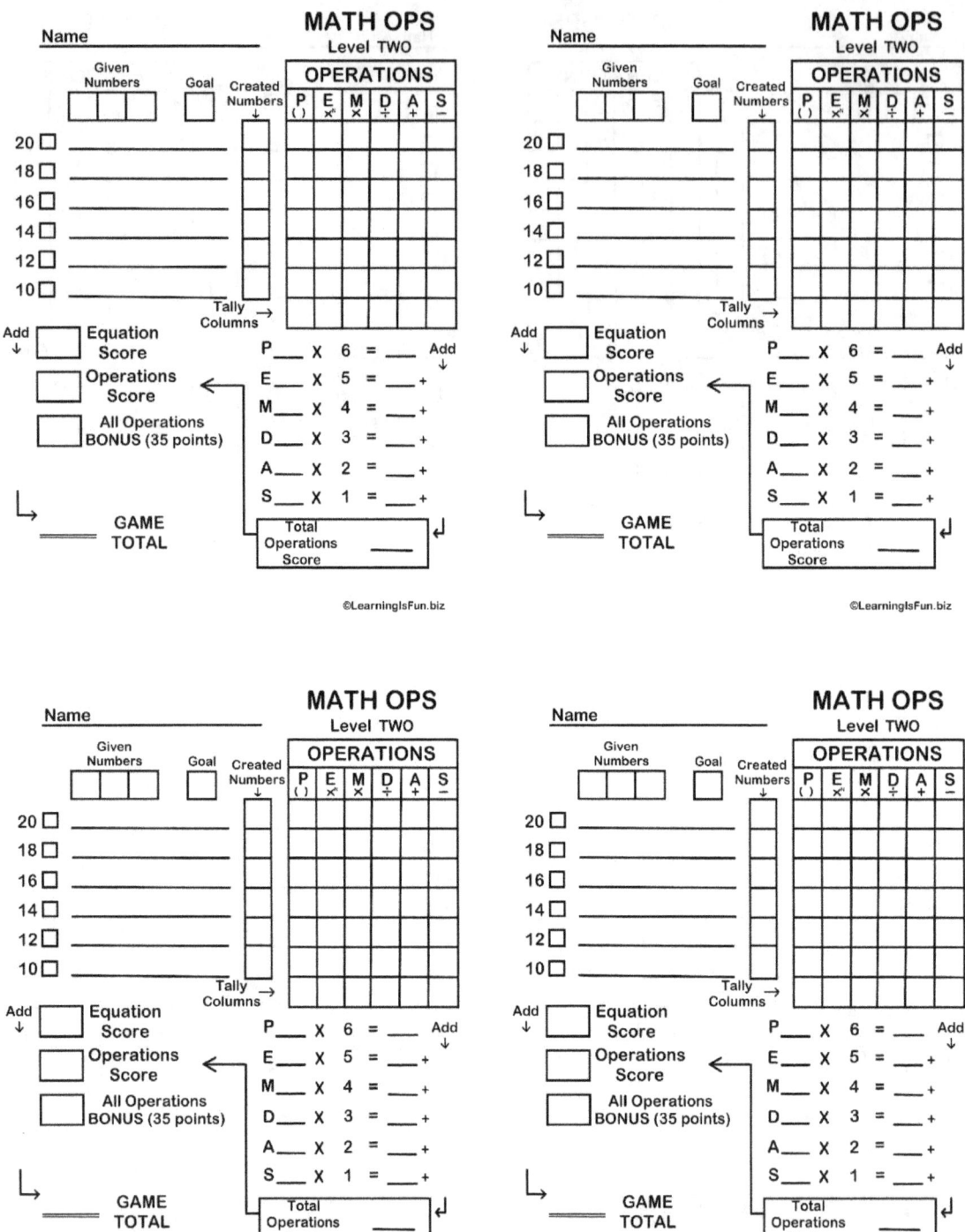

SPLAT! Where Creativity and Math Collide

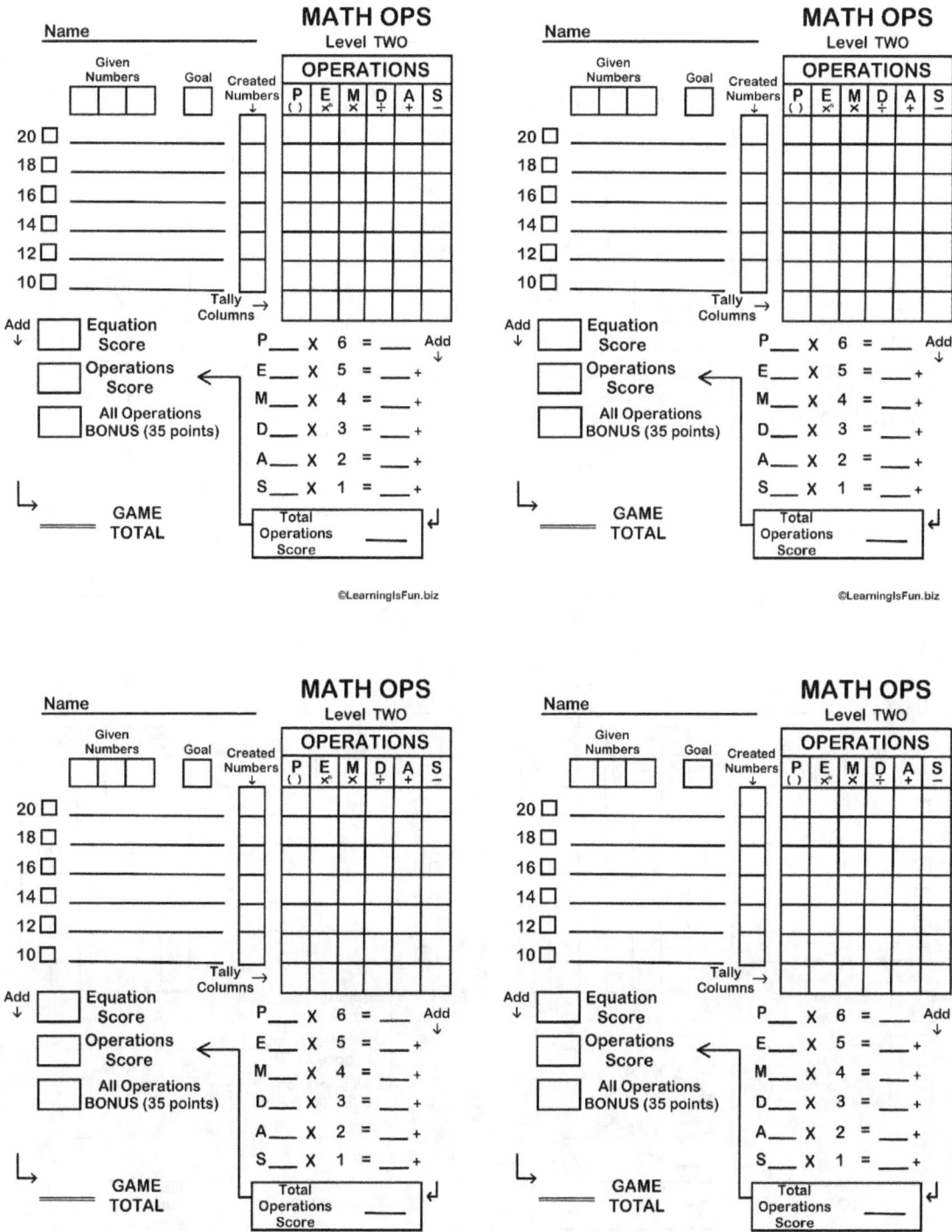

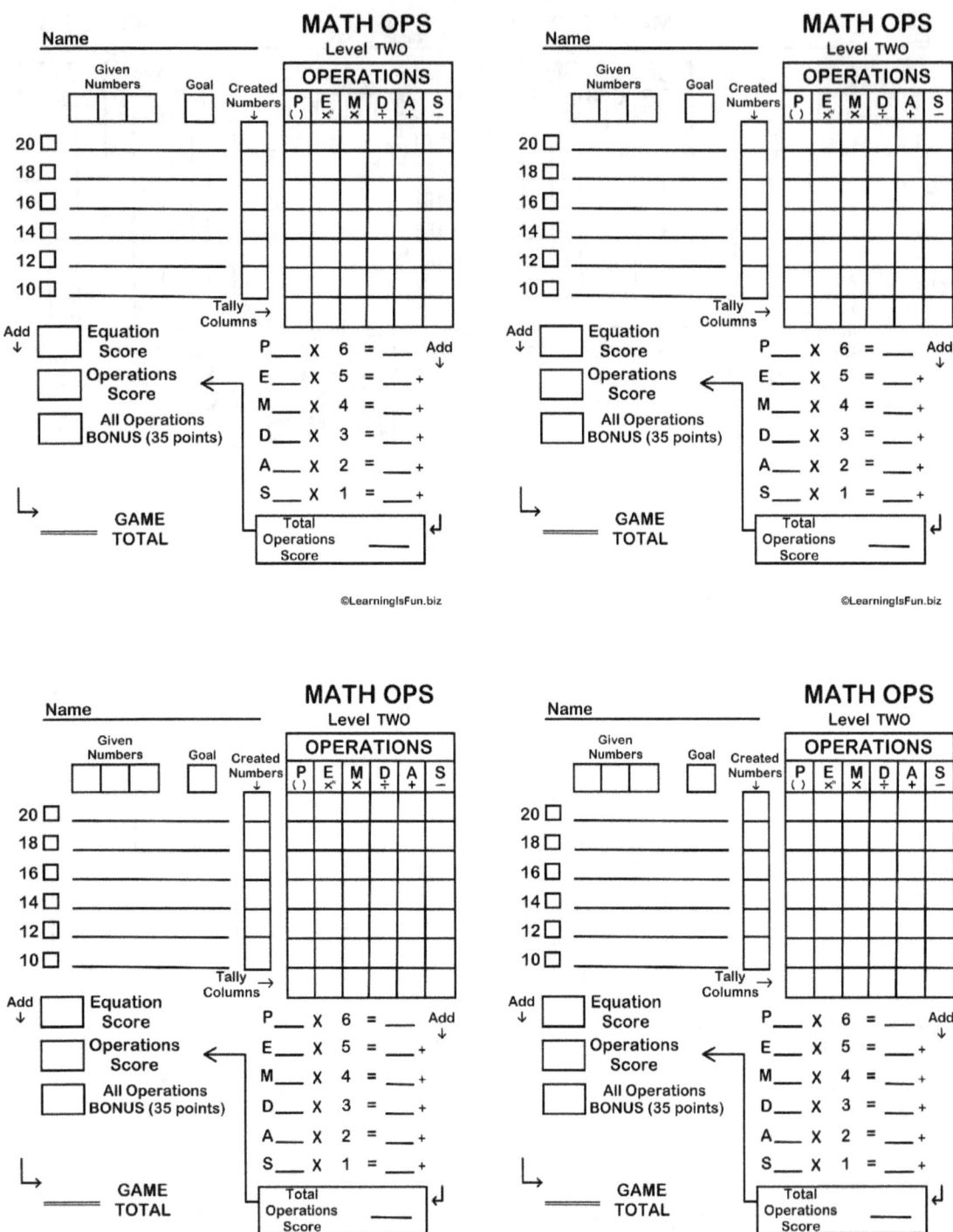

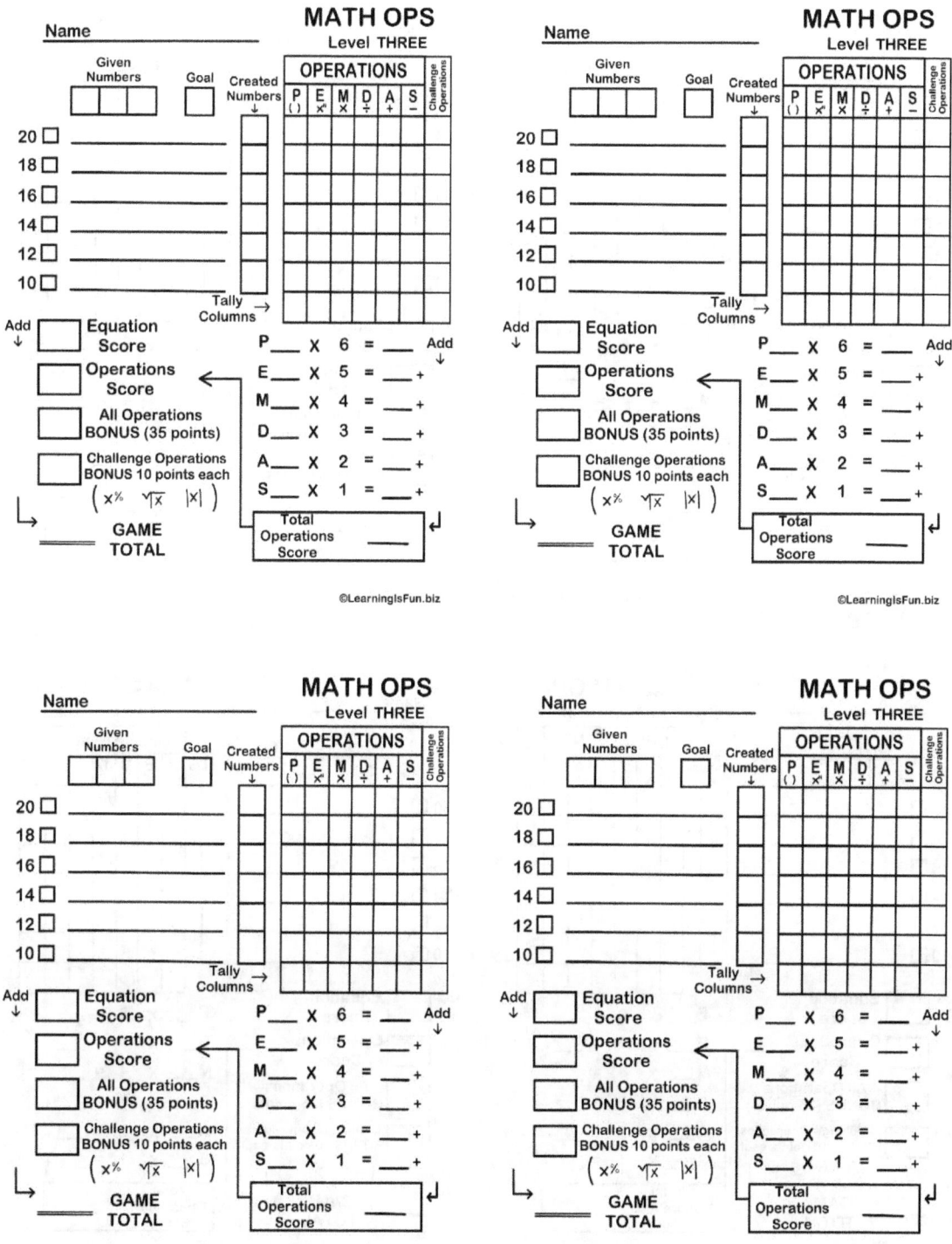

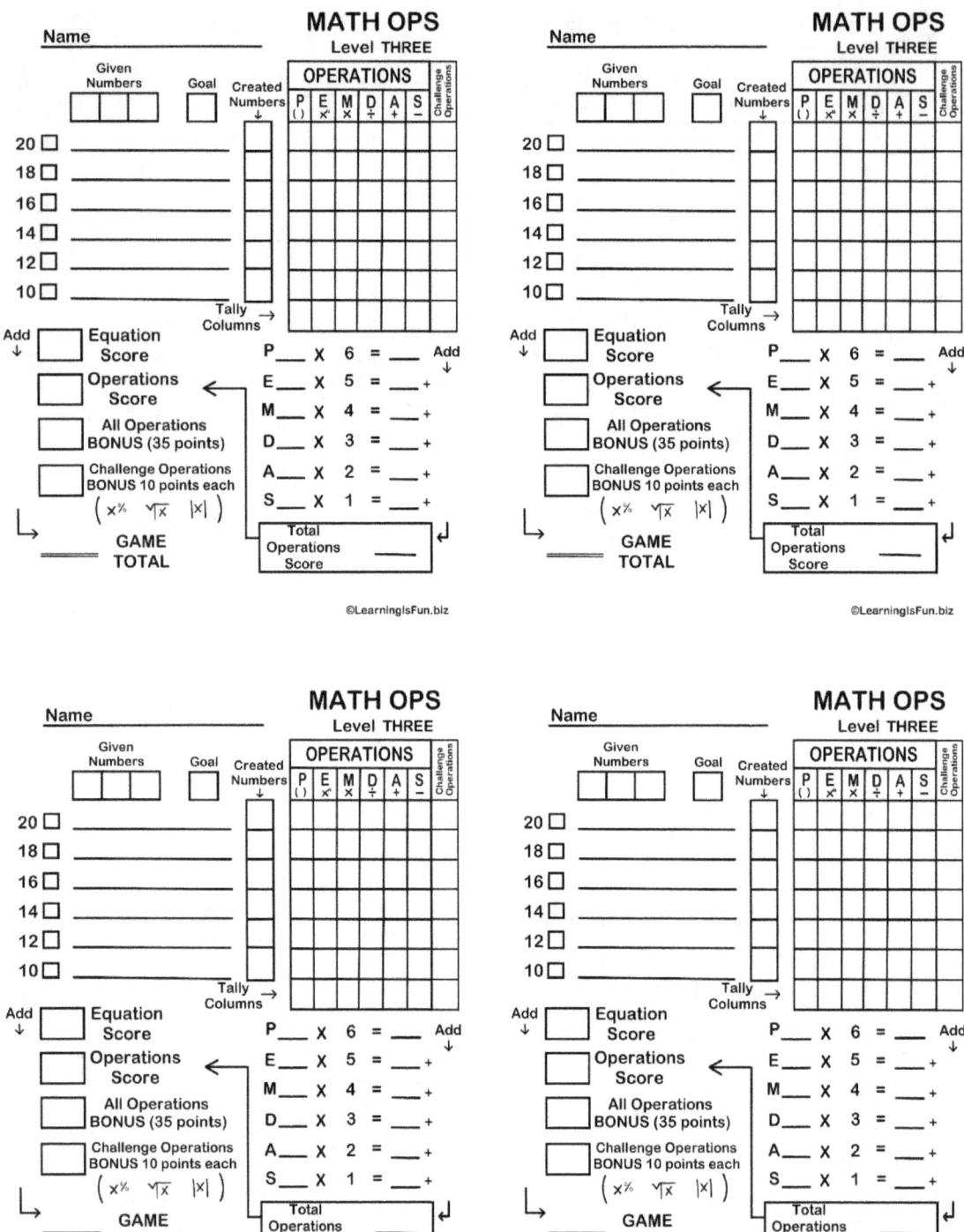

SPLAT! Where Creativity and Math Collide

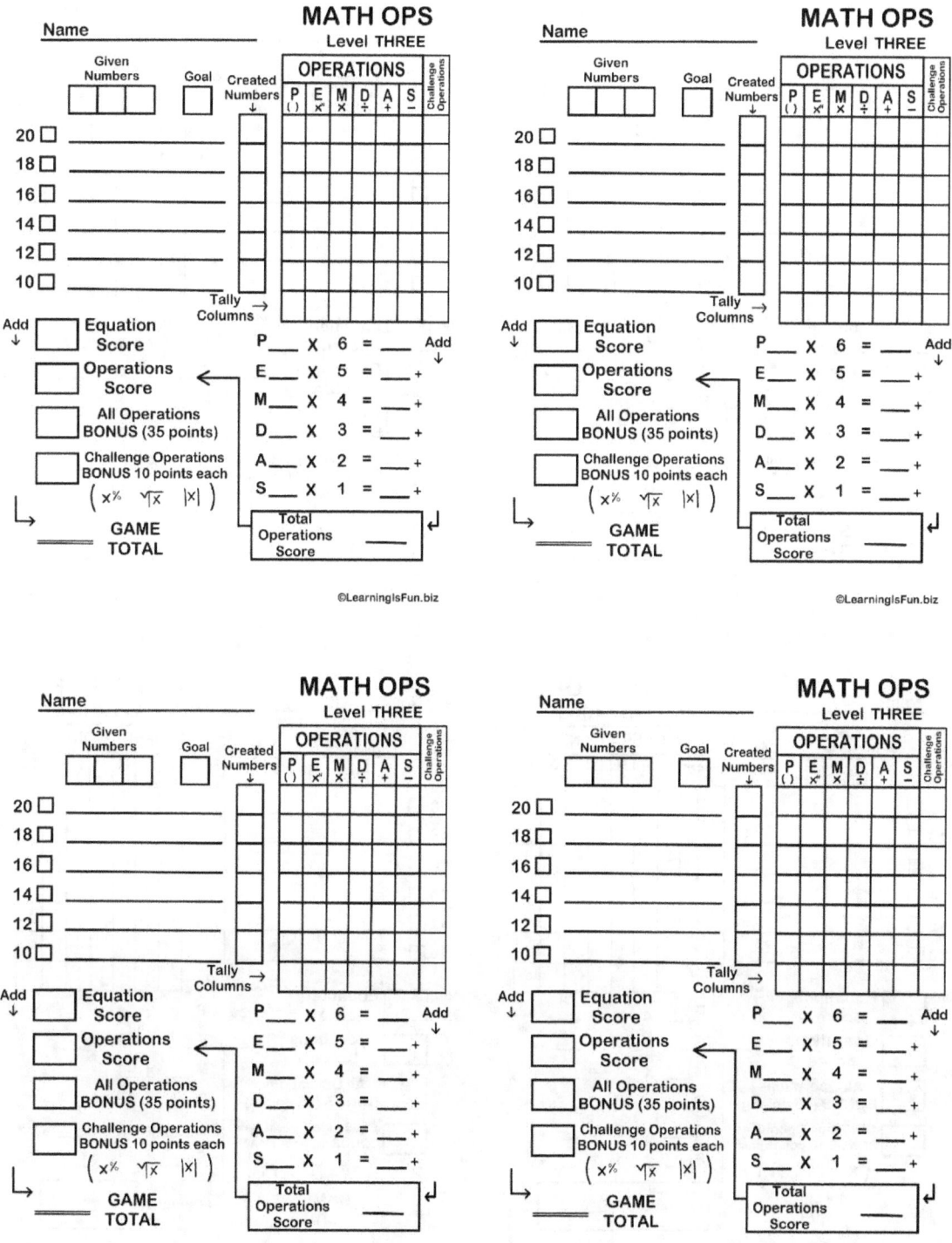

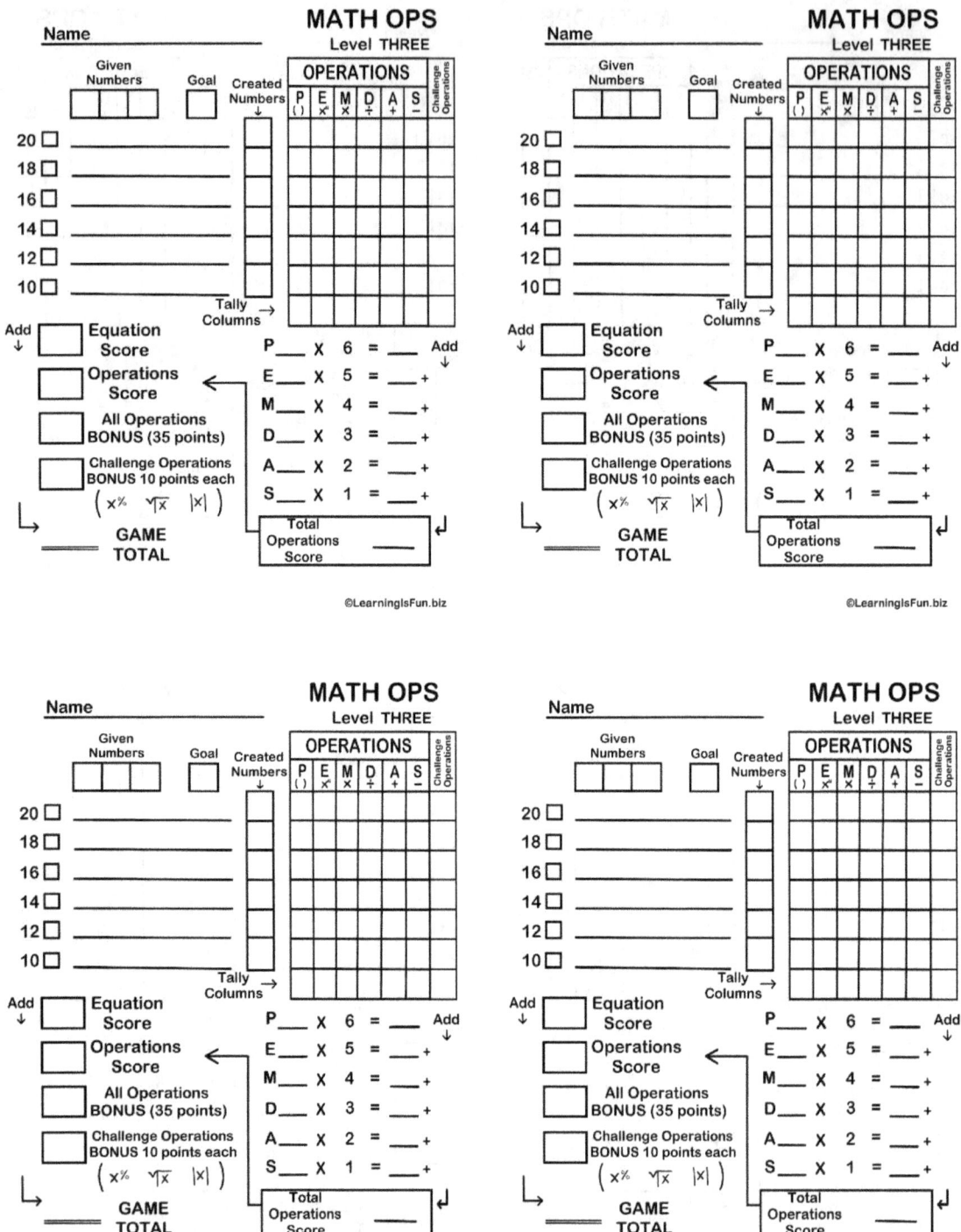

SPLAT! Where Creativity and Math Collide

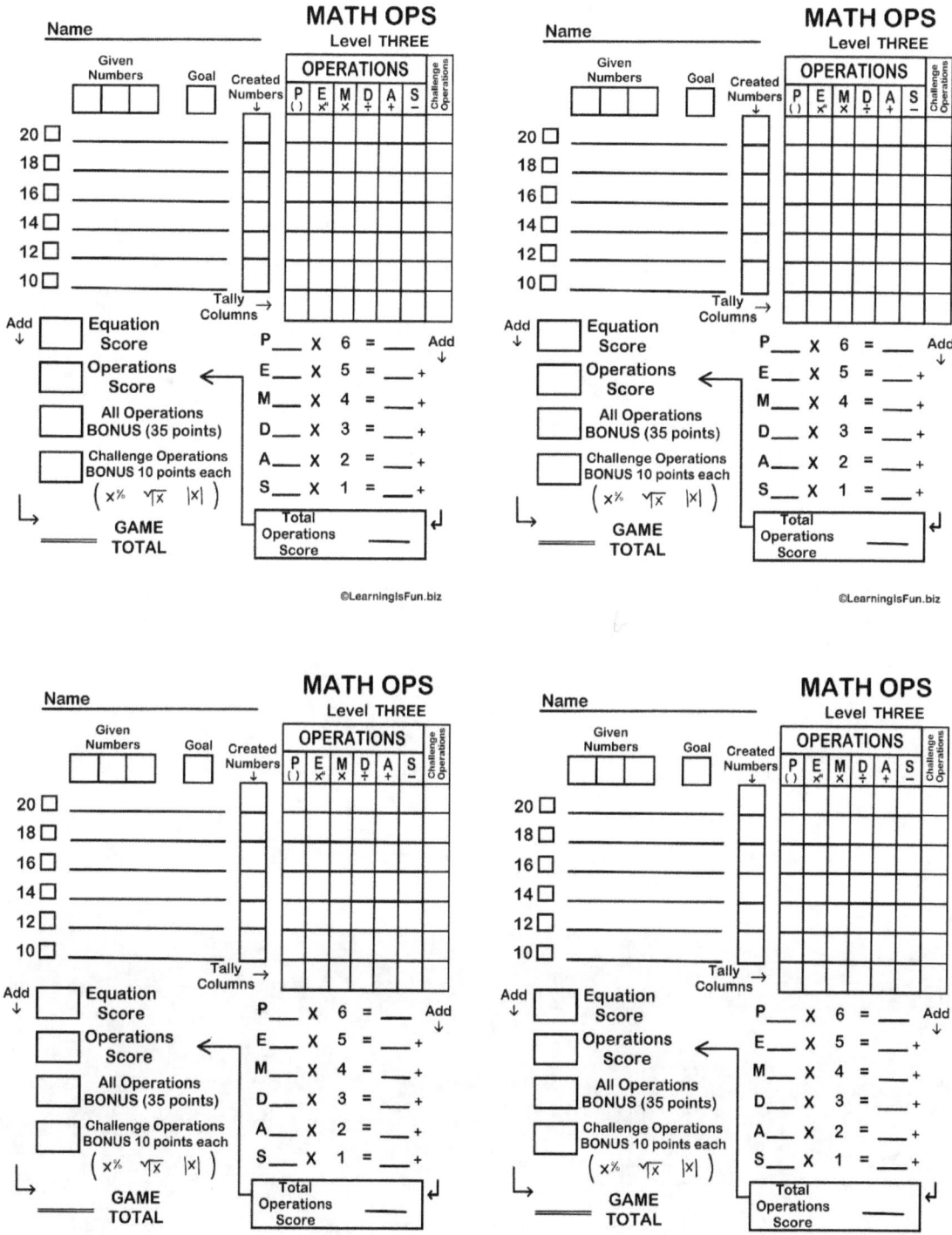

CHAPTER 10
SOME SAMPLE SOLUTIONS

Please use the solutions on the next three pages as suggestions only. Use them to check your game strategy and logic and then see if you can earn higher scores than these samples. For the examples on pages 68 - 70 I use the same Given and Goal Numbers on all game sheets for all levels to show you the variety of answers that are possible. Notice how I increase the score by playing with the math rather than going straight for the goal. On pages 71 - 73 I demonstrate how I the first four sets of numbers in each section. As you can see there are many ways to solve each puzzle. The joy is in playing with the math to increase your score. Have fun and Thanks for Playing!

Links to free video instructions for SPLAT! can be found at www.learningisfun.biz

Level One game sheets using the same Given (6, 5, 7) and Goal (35) numbers. To show variety.

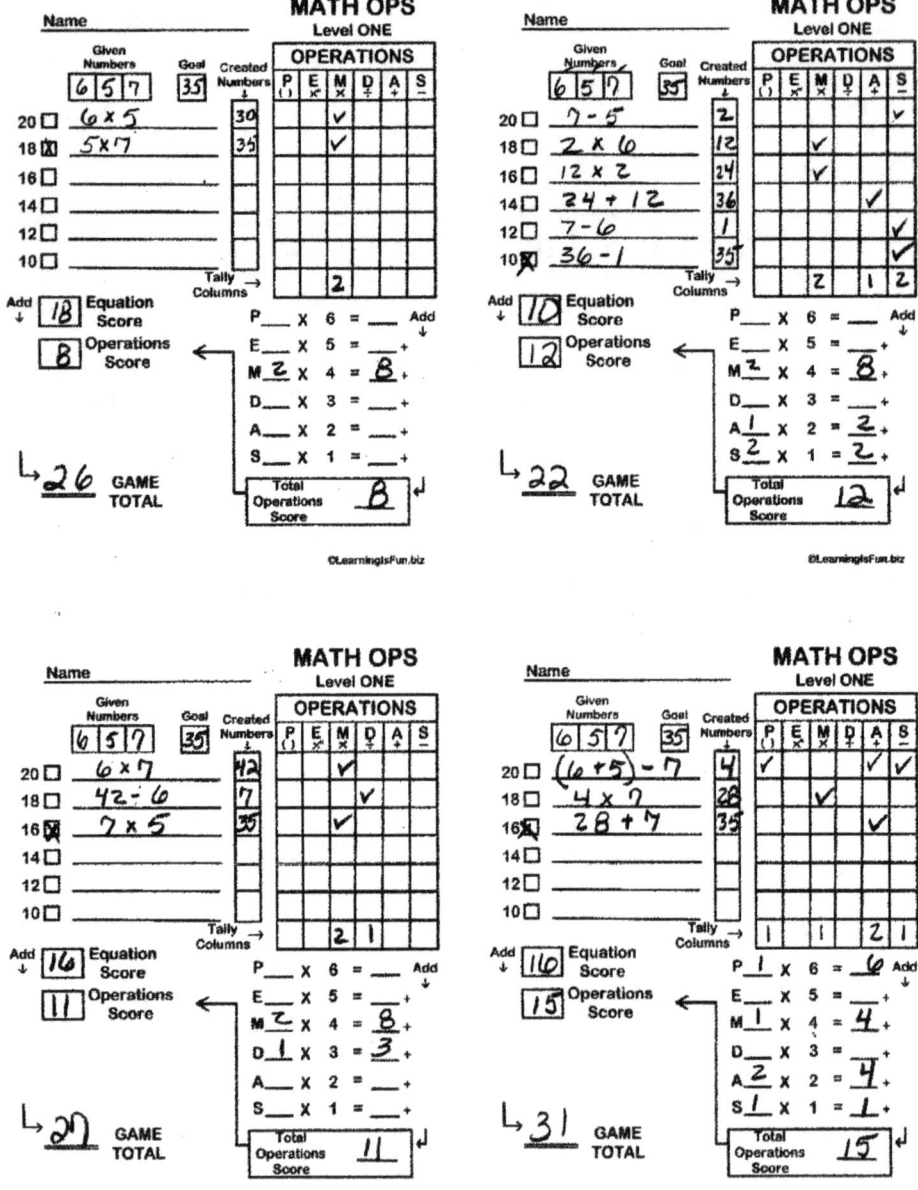

Level Two game sheets using the same Given (6, 5, 7) and Goal (35) numbers. To show variety.

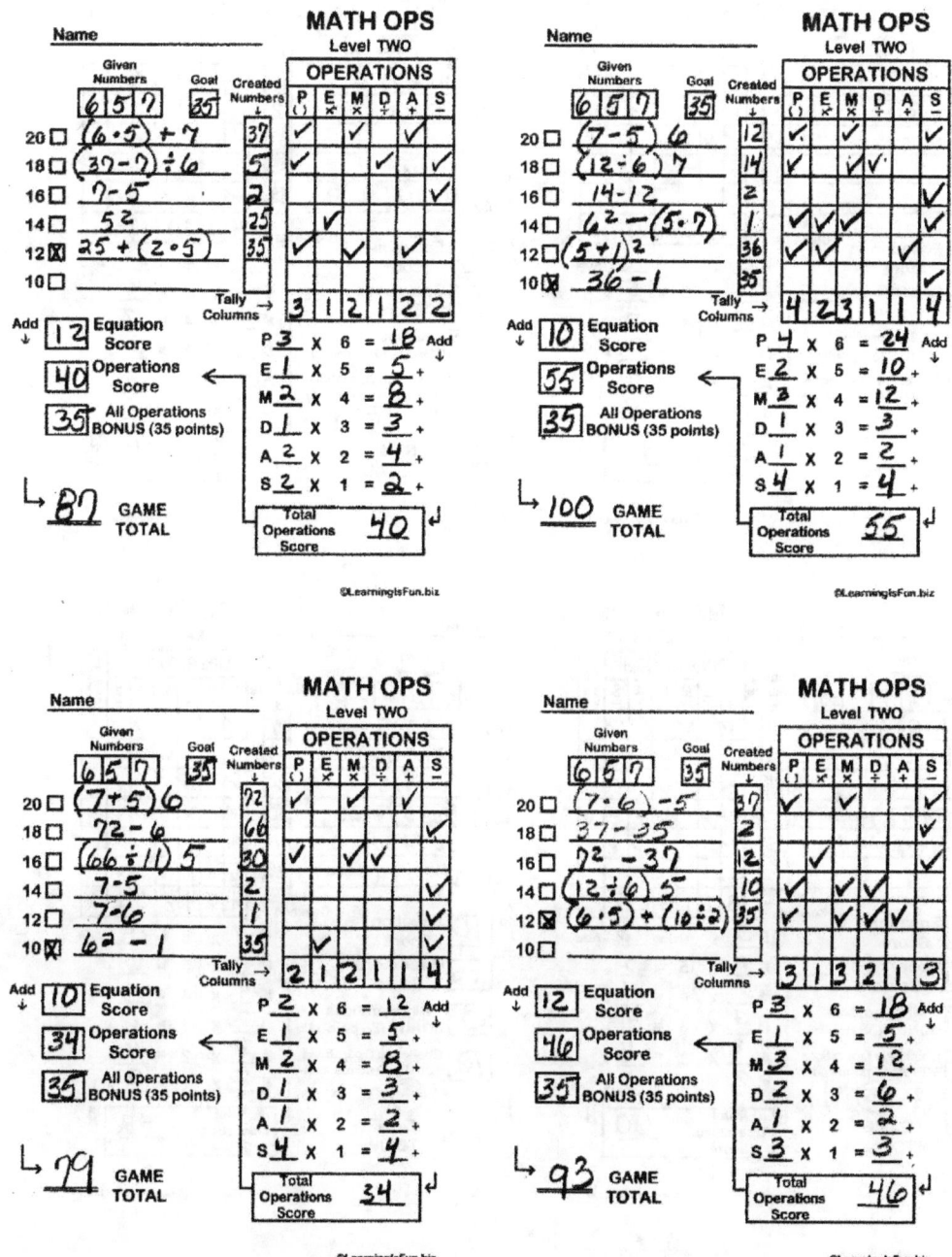

HUGGINS

Level One game sheets using the same Given (6, 5, 7) and Goal (35) numbers. To show variety.

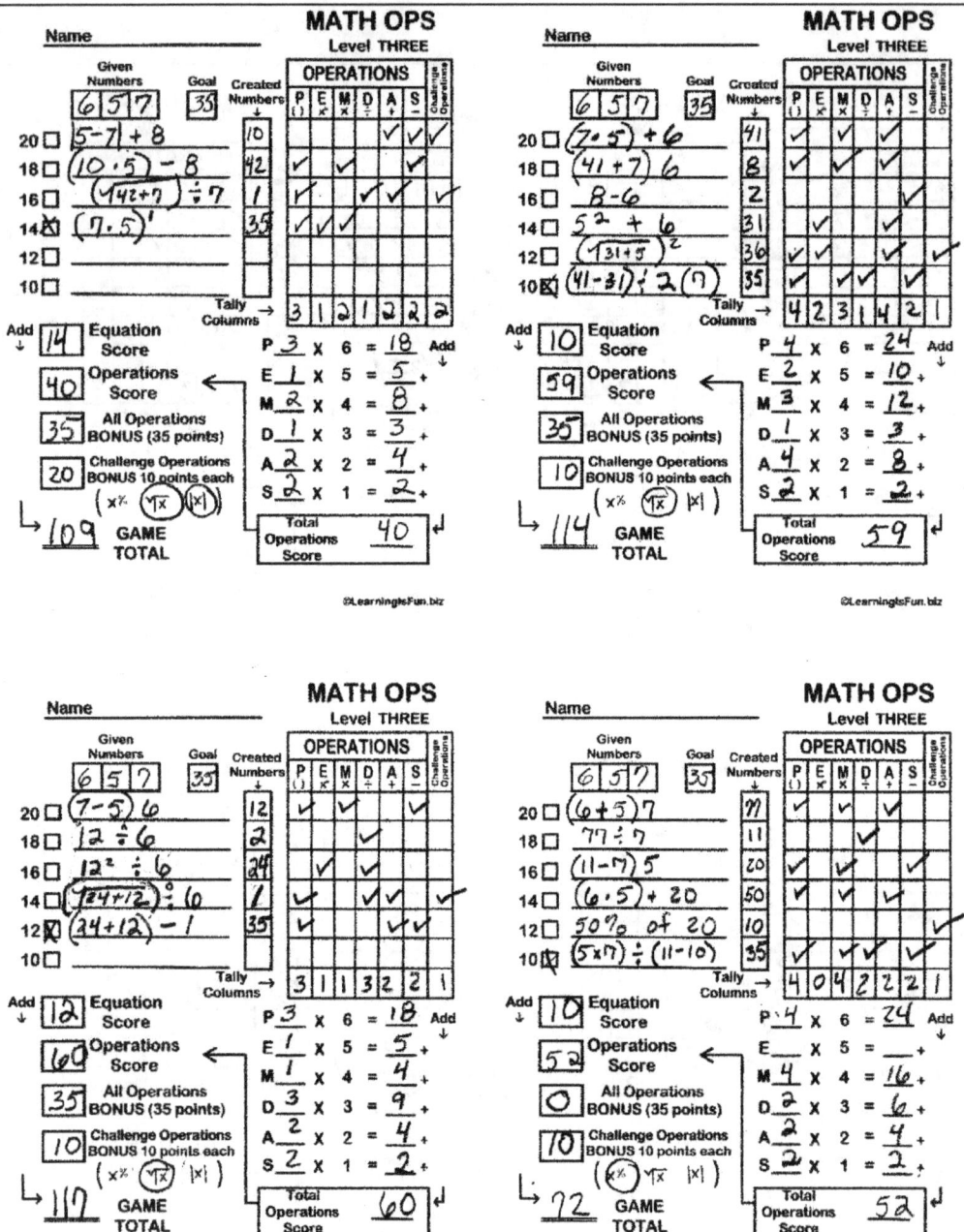

SPLAT! Where Creativity and Math Collide

Sample answers for the first four sets of numbers for Level One.

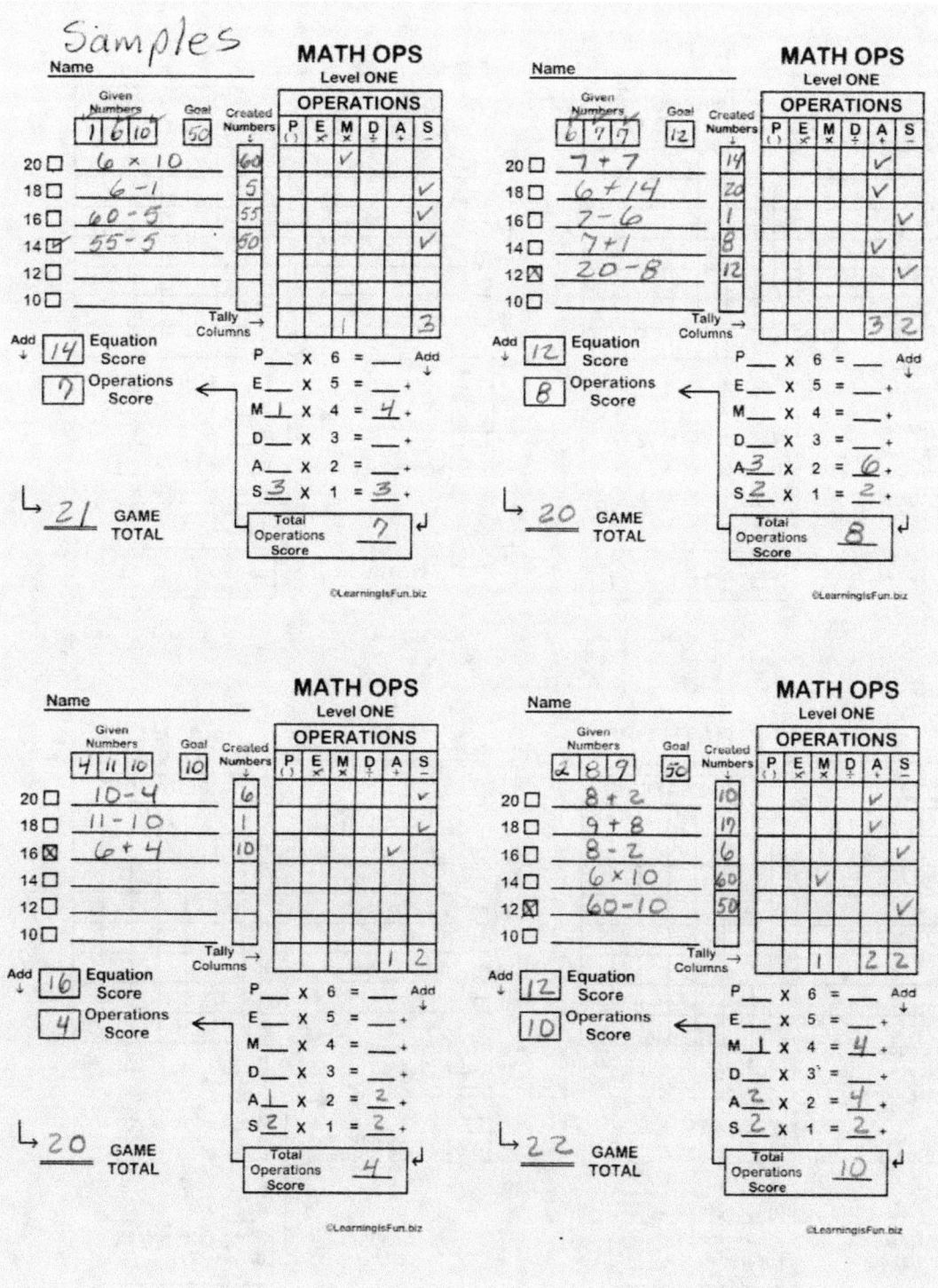

Sample answers for the first four sets of numbers for Level Two.

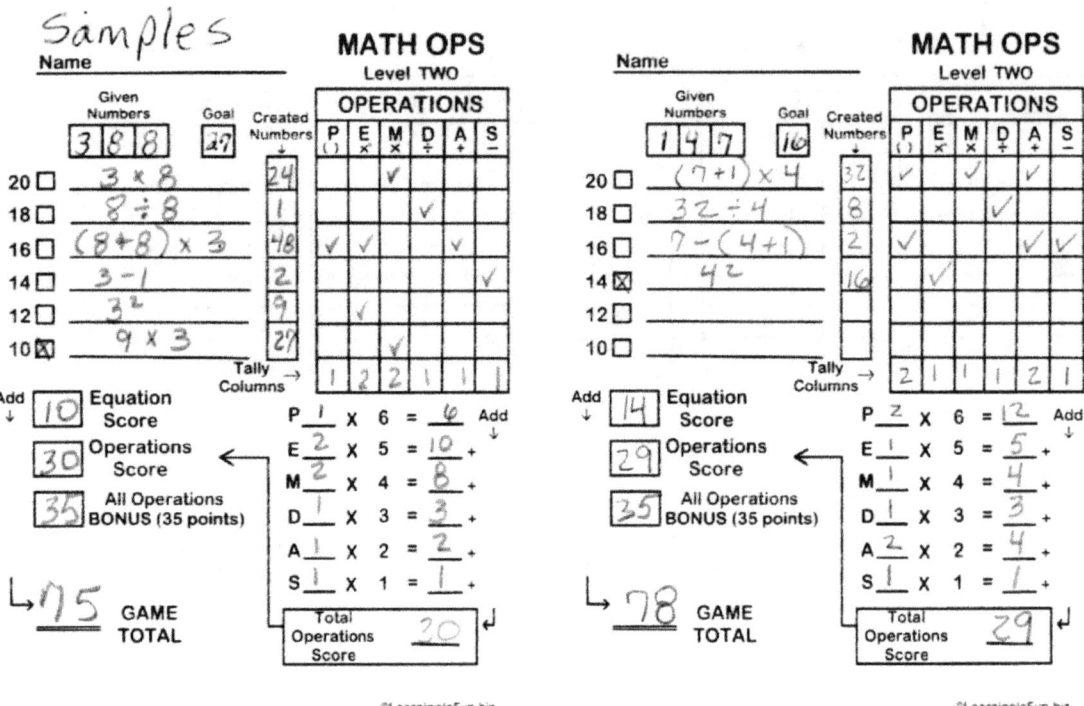

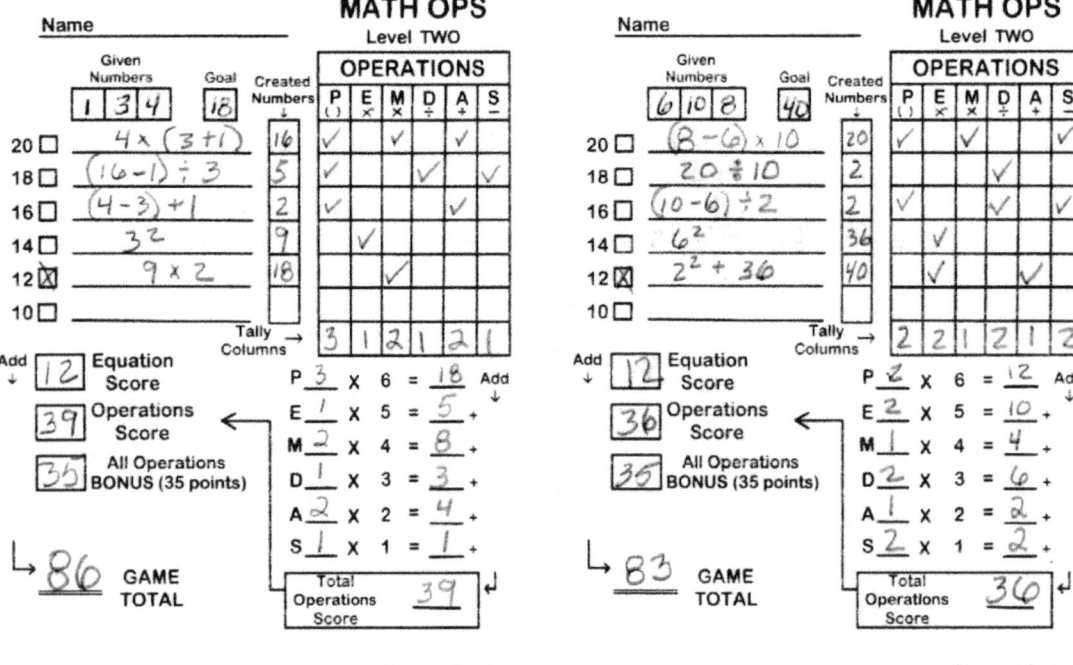

Sample answers for the first four sets of numbers for Level Three.

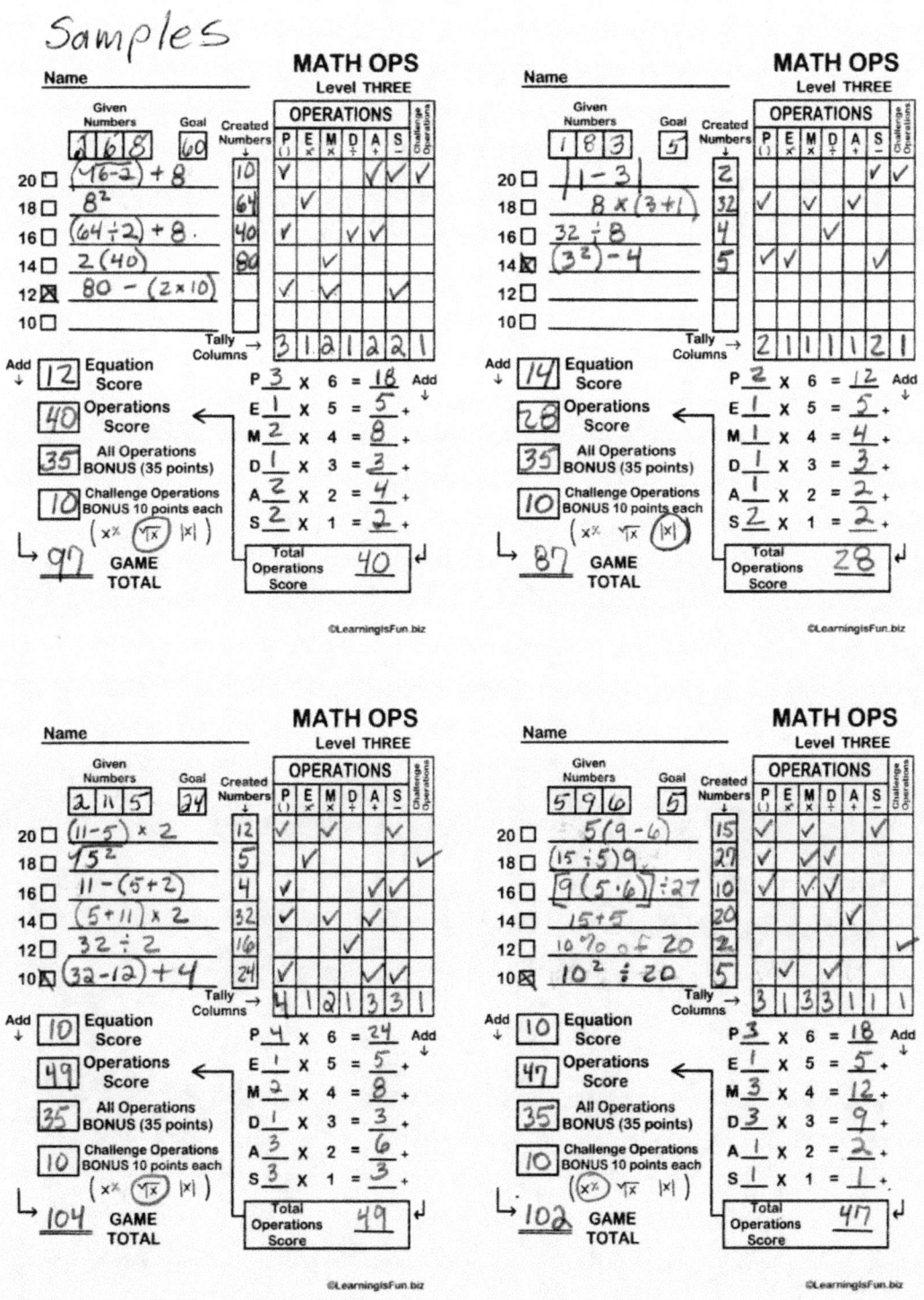

Sample answers for the first four sets of numbers for Level Three.

BLACK LINE REPRODUCIBLES

Teachers, this is a perfect way to play with math in the classroom. Please enjoy reproducing these masters for your students. There is no one correct answer so all of your students can win! Thanks for Playing!

SPLAT! Where Creativity and Math Collide

MATH OPS
Level ONE

Name _____

Given Numbers [ ][ ][ ] **Goal** [ ] **Created Numbers ↓**

OPERATIONS

P ( )	E x^N	M ×	D ÷	A +	S −

20 ☐ _____
18 ☐ _____
16 ☐ _____
14 ☐ _____
12 ☐ _____
10 ☐ _____

Tally Columns →

Add ↓

[ ] **Equation Score**

[ ] **Operations Score**

P ___ X 6 = ___   Add ↓
E ___ X 5 = ___ +
M ___ X 4 = ___ +
D ___ X 3 = ___ +
A ___ X 2 = ___ +
S ___ X 1 = ___ +

↳ _____ **GAME TOTAL**

Total Operations Score _____ ↵

©LearningIsFun.biz

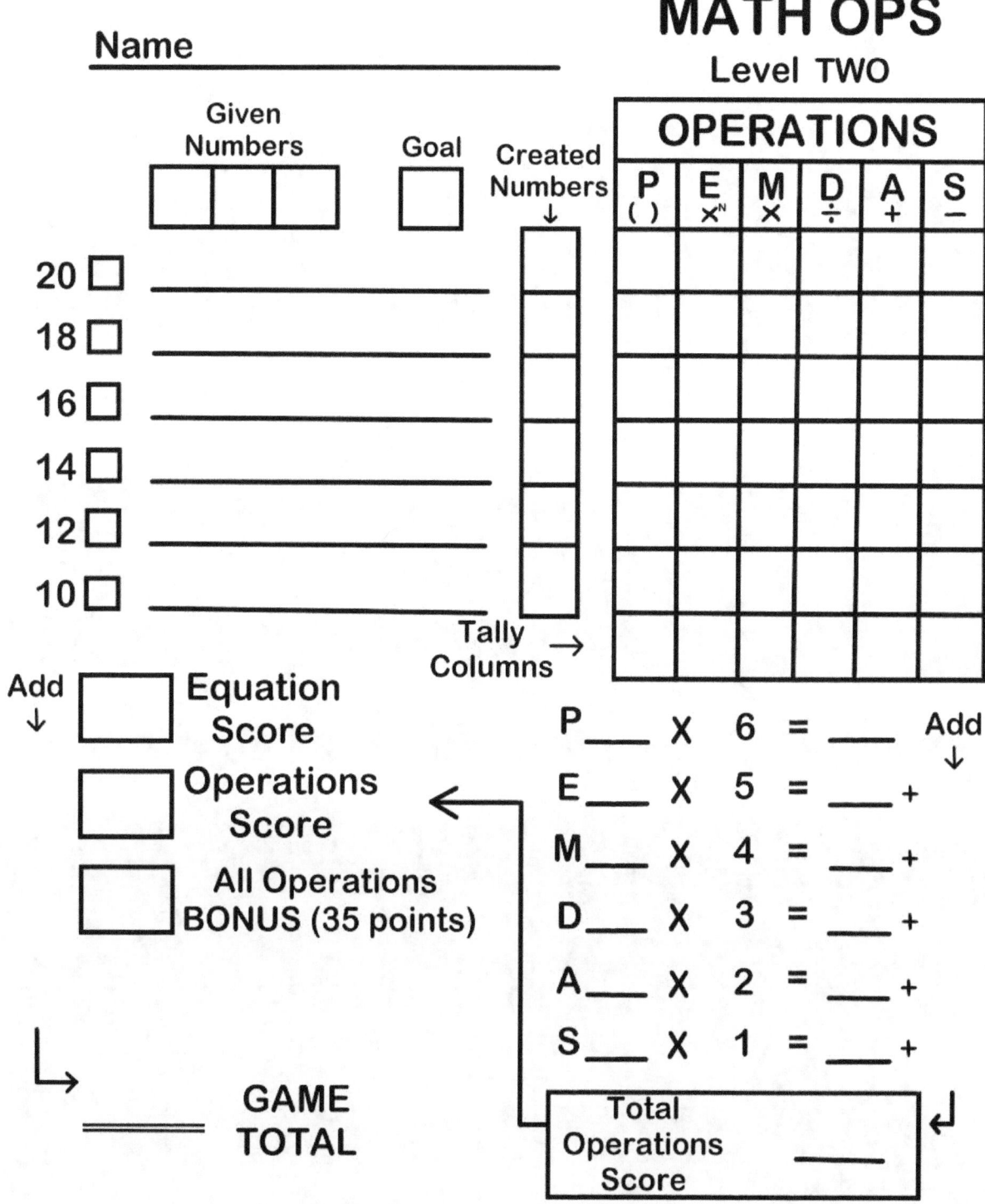

MATH OPS
Level THREE

Name _____

Given Numbers ☐ ☐ ☐   **Goal** ☐   **Created Numbers** ↓

OPERATIONS

P ( )	E x^N	M ×	D ÷	A +	S −	Challenge Operations

20 ☐ _____
18 ☐ _____
16 ☐ _____
14 ☐ _____
12 ☐ _____
10 ☐ _____

Tally Columns →

Add ↓

☐ **Equation Score**

☐ **Operations Score** ←

☐ **All Operations BONUS (35 points)**

☐ **Challenge Operations BONUS 10 points each** ($x\%$ $\sqrt{x}$ |x|)

↳ ═══ **GAME TOTAL**

P ___ X 6 = ___   Add ↓
E ___ X 5 = ___ +
M ___ X 4 = ___ +
D ___ X 3 = ___ +
A ___ X 2 = ___ +
S ___ X 1 = ___ +

Total Operations Score ___ ↵

©LearningIsFun.biz

ABOUT THE AUTHOR

Shawna Huggins is a professional tutor for homeschool and public school students who want enrichment or need extra help with middle school, high school, and college level material. She instructs in most academic subjects and enjoys working with students of all ages and learning styles. Her specialty is making learning fun.

A graduate of Southern Oregon University, Shawna received her Master of Arts in sociology from Washington State University and then returned to SOU as an instructor for the Sociology Department and the Youth Academy Programs. She currently teaches sociology and anthropology through University of Idaho's Independent Study Program. She also keeps busy with her tutoring business Learning Is Fun.

If you are interested in academic tutoring, Shawna tutors students all over the world on Skype. You can contact her through her website www.learningisfun.biz.

Links to free video instructions for SPLAT! can be found at www.learningisfun.biz